ÉTUDE

SUR

LES PRAIRIES

ET

L'ÉLEVAGE DU CHEVAL

PAR

M. ET HOUDAILLE DE RAILLY

Agriculteur

Secrétaire-adjoint de la Société des Agriculteurs de France
Secrétaire de la Section d'Agriculture

Lauréat de la prime d'honneur départementale de l'Yonne en 1885

PARIS

LIBRAIRIE PAUL ROBERT

4, RUE DE TOURNON, 4

NEUFCHATEL ET GENÈVE

LIBRAIRIE GÉNÉRALE

ÉTUDE

SUR

LES PRAIRIES

ET

L'ÉLEVAGE DU CHEVAL

ÉTUDE

SUR

LES PRAIRIES

ET

L'ÉLEVAGE DU CHEVAL

PAR

M. ÉT. HOUDAILLE DE RAILLY

Agriculteur
Secrétaire-adjoint de la Société des Agriculteurs de France
Secrétaire de la section d'Agriculture
Lauréat de la prime d'honneur départementale de l'Yonne en 1885

PARIS

LIBRAIRIE PAUL ROBERT

4, RUE DE TOURNON, 4

NEUFCHATEL ET GENÈVE

LIBRAIRIE GÉNÉRALE

AVANT-PROPOS

La Société centrale d'Agriculture de l'Yonne avait mis cette année au concours l'étude de la question suivante :

Prairie et élevage du cheval. — Étude sur la culture des prairies permanentes ou temporaires dans l'arrondissement d'Avallon, sur les améliorations qu'elle comporte, sur leur appropriation raisonnée à l'élevage du cheval, en raison du choix des plantes semées, de la nature du sol, du climat, de l'altitude, enfin sur les progrès de l'industrie chevaline et sur les bénéfices justifiés par chiffres et exemples qu'elle peut assurer au cultivateur.

Séduit par le programme, j'ai, un peu témérairement peut-être, entrepris de traiter la question. La Société centrale a fait l'honneur d'accorder le prix qu'elle avait offert, au travail que j'avais présenté ; et, c'est ce travail que je me permets de faire paraître, plutôt comme base de discussion et d'étude que comme solution. J'ai traité la question au point de vue de notre région avallonnaise, et quant aux prairies, spécialement pour le massif granitique du Morvand. Je crois que beaucoup de créateurs de prairies feront bien de ne pas les considérer comme permanentes, et de prévoir, dès à présent, le moment où il faudra les rompre, car toutes les terres ne sont pas aptes à porter de l'herbe pendant une durée indéterminée.

J'ai essayé de chiffrer les résultats financiers de l'élevage du cheval. C'est, je crois, la partie de cette étude qui prête le plus à la critique ; mais, chacun sait que rien n'est plus discutable qu'un chiffre. Je crois les avoir établis aussi sérieusement que mes connaissances et ma pratique personnelle me le permettaient. L'élevage du cheval est délicat, sujet à des mécomptes, je pense, cependant, qu'il peut néanmoins procurer des bénéfices au cultivateur, et, si les chiffres que j'ai cités peuvent avoir comme résultat de maintenir dans toute exploitation l'élevage du cheval à la place qu'il doit occuper, je ne regretterai pas d'avoir eu la présomption de publier cette étude (1).

Railly, le 20 septembre 1885.

Ét. Houdaille de Railly

Secrétaire-adjoint de la Société des Agriculteurs de France,
Secrétaire de la section d'Agriculture, Lauréat de la
prime d'honneur départementale de l'Yonne en 1885.

---

(1) Malheureusement une baisse considérable atteint cette branche d'industrie agricole. Elle est telle que l'élevage sera longtemps avant de se relever, du coup qui lui aura été porté. Il ne peut actuellement que se chiffrer par des pertes.

DES PRAIRIES

ET DE L'ÉLEVAGE DU CHEVAL

DES PRAIRIES

Sous le nom générique de prairies, on entend toutes sortes de terres qui donnent de l'herbe pour servir d'aliments aux animaux domestiques.

Nous les distinguerons en trois espèces :

1º Prairies permanentes ou naturelles ;

2º Prairies artificielles (trèfle, luzerne, sainfoin, vesces, etc.) ;

3º Prairies temporaires à base de graminées.

Nous laisserons de côté dans cette étude la seconde catégorie, qui nous entraînerait trop loin.

Prairies permanentes et naturelles.

Ces prairies se forment spontanément dans les terrains propices à la végétation herbacée, ou elles sont créées par l'homme ; on donnait autrefois ce nom à toute surface engazonnée dont le produit pouvait être converti en foin. Nous appellerons prairies naturelles ou permanentes toute surface engazonnée, quelle que soit sa destination mais dont la durée est illimitée.

Création des prairies. — Cette dénomination de permanentes démontre quels soins il faut apporter à la création de ces prairies. Afin d'avoir une végétation herbacée abondante, il faut que la terre, tout en étant saine, ait une certaine fraîcheur. Certains terrains possèdent naturellement cette qualité, d'autres ne l'acquièrent qu'au prix de plus ou moins d'efforts du cultivateur. Il faut alors défoncer et ameublir profondément le sol; par ce moyen on lui permet de conserver plus longtemps la fraîcheur tout en l'assainissant. La terre doit être bien ameublie à la surface afin que les graines puissent lever régulièrement ; à cet effet les coups de herse, de rouleau ne seront pas ménagés. On fera en sorte de niveler le terrain, afin que les instruments de toute espèce puissent y fonctionner facilement, et qu'il n'y ait pas de bassières pouvant retenir les eaux ou d'exhaussements trop considérables. Nous n'entrerons pas dans le détail de ces opérations qui se font soit à la main, soit à la ravale, soit avec tout autre instrument. Il est de toute évidence, qu'à moins d'une fertilité naturelle et considérable du sol, la terre aura été bien fumée et qu'on aura détruit, autant que possible, les plantes nuisibles. On arrive à ce résultat en faisant, pendant les deux années qui précèdent la prairie, occuper le sol par des plantes sarclées ou étouffantes.

Le plus souvent, dans l'Avallonnais, on sème, quand on veut créer une prairie, des graines provenant des fenils. A mon avis, c'est une mauvaise méthode ; je suis partisan du semis de graines d'espèces parfaitement définies soit achetées au commerce, soit récoltées sur l'exploitation. On reproche aux graines du commerce de ne pas assez rapidement engazonner le sol. Mais est-ce sérieux ? J'ai vu des propriétaires mettre pour 300 francs de graines de fenil à l'hectare, et seulement pour 100 francs de graines du commerce. Il s'agit de savoir quel aurait été le résultat s'ils avaient semé pour 200 francs de ces dernières.

Deux reproches peuvent être faits aux graines de fenil : 1º de contenir des plantes nuisibles, 2º de ne contenir que des semences d'espèces hâtives si le foin a été récolté de bonne heure, ou d'espèces tardives si l'herbe a été coupée tardivement. Ces inconvénients peuvent disparaître si les graines de fenil proviennent de prairies nouvellement créées avec un choix de bonnes graines, et si on a eu soin de partager la prairie dont on veut semer les graines en deux parties ; on fauche la première moitié lorsque les herbes hâtives sont arrivées à maturité, et la seconde lorsque les herbes tardives sont mûres. On a alors beaucoup de chances d'avoir des graines de toutes les plantes. C'est à cause de cette différence de maturité dans les balayures, puis de leur provenance qui est souvent ignorée, que le foin qui en provient est en général peu abondant bien que de moyenne qualité. Mais je trouve que, dans des terres riches, bien préparées, bien amendées, il convient plutôt de semer des graines du commerce qui, lorsque leur choix est judicieusement fait, assurent pendant les premières années un rendement à la faulx considérable. Je dis les premières années parce que si la prairie n'est ni soignée ni entretenue, ces espèces finissent par disparaître pour être remplacées par la flore locale. Ce fait se produit même très rapidement suivant le plus ou moins grand état de richesse du sol. Il est évident que des plantes telles que le dactyle, le fromental, la fléole qui donnent un fourrage considérable sont des plantes un peu exigeantes, et demandent à être soutenues de temps à autre par des engrais. Je citerai quelques exemples lorsque je traiterai des engrais. Nous ne laisserons pas le marchand de graines faire le mélange lui-même, nous lui demanderons les espèces séparées et nous ferons le mélange à la ferme. De cette façon nous serons plus assurés de connaître la flore de la prairie.

1.

Il est pourtant un cas où le semis de graines de fenil se comprendrait davantage, c'est pour la création de pâturages dans des terrains mal préparés ou peu riches ; il se fait alors un engazonnement plus rapide et plus régulier mais d'une production minime (1).

Il est bien entendu que les espèces employées seront autant que possible celles s'adaptant le mieux au sol, et celles appartenant à la flore locale.

Avant de parler du sol de l'Avallonnais, nous dirons quelques mots de la flore locale et des qualités des plantes qui s'y plaisent le plus et qui lui conviennent le mieux.

Nous diviserons ces plantes en : 1º plantes utiles, 2º plantes inutiles, 3º plantes nuisibles.

1º PLANTES UTILES.

De ces plantes un certain nombre n'offrent qu'un intérêt secondaire quoiqu'elles soient bien consommées par le bétail soit à l'état vert soit à l'état sec ; la plupart croissent naturellement dans le sol. D'autres enfin sont purement accidentelles. Nous nous occuperons des principales.

Les agrostis (des chiens, stolonifère ou fiorin, vulgaire) sont des plantes qui gazonnent très bien un sol, elles résistent au piétinement du bétail ; leur foin est peu abondant. Il faut éviter de mettre l'agrostis stolonifère dans des terrains très secs, car alors elle envahit toute la sole, c'est la traînasse de nos pays. Elles repoussent très bien. Une des meilleures variétés est l'agrostis dispar (Herd-Grass, Redtop-Grass, herbe du Kentucky) — qui fait le fonds de tous les pâturages de ce pays. Elle ne s'élève pas beaucoup, mais talle énormément et repousse avec rapidité sous la dent du bétail.

Fromental ou avena elation, plante aimant les terres fraîches et riches, où elle prend alors un dévelop-

---

(1) A la condition, toutefois, de les prendre chez soi et de ne point les acheter.

pement quelquefois exagéré et donne un foin un peu grossier; elle résiste néanmoins assez bien à la sécheresse, et repousse assez rapidement qu'elle ait été soit fauchée soit pâturée. Elle est vulgairement appelée fenasse.

Les avoines jaunâtre et pubescente sont des plantes donnant un foin fin et repoussant bien, mais étant d'un produit modéré ; elles conviennent dans les terrains secs.

Le brome des prés est une bonne plante gazonnant bien le sol et peu difficile sur le choix d'un terrain ; elle repousse bien et sous la faulx et sous la dent du bétail. Elle convient mieux pour le pâturage, car ses graines sont armées de barbes dures qui blessent le bétail lorsqu'elle est convertie en foin.

Le brome mou est une plante à rejeter, foin de mauvaise qualité et a l'inconvénient d'être bisannuelle.

Les canches touffues, de montagne et flexueuse, gazonnent bien un sol, elles poussent par touffes, et conviennent mieux pour le pâturage.

La crételle des prés, graminée d'une nature délicate poussant dans les prés secs aussi bien que dans les frais, d'une grande valeur nutritive, donne un foin peu abondant ; sa souche. tout en étant gazonnante, ne talle pas ; elle repousse modérément sous la dent du bétail.

Le dactyle pelotonné est la meilleure des plantes des prairies ; il craint seulement les terrains trop secs et trop humides, mais dans les terrains fertiles se développe dès le commencement du printemps, pousse rapidement, donne un foin un peu dur mais de bonne qualité. Il est très nutritif soit en vert soit en sec, repousse bien et longtemps. Son seul défaut est d'être un peu exigeant et de disparaître au bout de quelques années si le sol de la prairie n'est pas par lui-même très fertile.

Les fétuques comprennent un grand nombre de variétés qui leur permettent de s'adapter aux différents terrains. — Les fétuques des prés, hétérophylle, conviennent aux terrains fertiles et frais ; elles donnent un fourrage abondant et de bonne qualité. — Les fétuques durette, à feuilles menues, rouge, ovine, se plaisent dans les terrains secs, siliceux ou calcaires, et donnent un foin fin mais peu abondant. La fétuque flottante aime les terrains marécageux. Toutes les fétuques repoussent bien et conviennent pour les pâturages.

La fléole des prés — timothy — est une très bonne plante, un peu tardive dans sa floraison mais dont les feuilles poussent de bonne heure. Elle aime les terrains fertiles et frais, et repousse bien sous la faulx et sous la dent du bétail. Son fourrage est très estimé en Angleterre, en Amérique et en Russie, où très souvent on la sème seule ou en l'associant au trèfle hybride. Quelques auteurs la désignent improprement sous le nom de herd-grass. Les terres qui lui conviennent le mieux sont les terres noires bien assainies, car elle craint l'eau stagnante, mais elle ne craint pas les inondations d'hiver pourvu que le sol soit bien ressuyé au printemps.

La houlque laineuse est une plante aimant les terrains frais ; elle est peu difficile sur sa qualité. Elle donne un foin abondant mais souvent de qualité médiocre, car il a tendance à devenir poudreux. Les animaux la mangent très bien en vert ; elle repousse vigoureusement. Les graines tombant très facilement, et sa maturité étant précoce, elle envahit rapidement les prairies, aussi doit-on la faire entrer pour une faible part dans les mélanges. Elle forme le fonds des prés du Morvand. *La houlque molle*, bien que productive, doit être rejetée, car son fourrage est toujours médiocre, et sa valeur nutritive minime. Malheureusement on la trouve partout à l'état naturel.

La flouve odorante, très peu productive, n'est utile que pour parfumer le foin, elle est peu nourrissante. Elle pousse assez volontiers naturellement.

Les pâturins (poa), demandent des terrains frais et fertiles, et végètent mal sur les sols calcaires. Ils fournissent du foin de bonne qualité, et repoussent assez vigoureusement sous la dent du bétail ; ils gazonnent bien le sol.

Le ray-grass anglais, la plus précoce des graminées, rend de grands services dans la constitution des pâturages ; c'est la plante qui repousse le plus vite sous la dent du bétail, et cela constamment. Son fourrage est, quoi qu'en disent certaines personnes, d'une qualité médiocre. D'autres graminées et surtout des légumineuses doivent lui être associées.

Le ray-grass d'Italie donne un fourrage plus abondant et plus nutritif, mais il est aussi plus exigeant sur la qualité du terrain qui doit être riche et frais, il est épuisant. Il repousse bien sous la dent du bétail.

Les vulpins des prés et des champs sont de bonnes plantes de prairies donnant du fourrage de première qualité (c'est peut-être celui qui contient le plus de matières azotées) et assez abondant. Ils aiment les terrains moyens, mais les tiges se développent lentement pendant les premières années qui suivent le semis.

L'anthyllide ou trèfle jaune des sables, plante précieuse pour les terrains pauvres surtout calcaires, aime les terrains secs, et donne un bon fourrage très odorant.

Le lotier corniculé aime les terrains secs, et donne un fourrage très peu abondant mais de qualité supérieure ; il repousse assez bien sous la dent du bétail. *Le lotier velu* et *le lotier à feuilles menues* aiment les terrains frais et donnent un très bon fourrage plus abondant que celui du lotier corniculé. Ces deux variétés sont assez communes dans certains prés du Morvand.

La minette ou lupuline est trop connue pour qu'il soit nécessaire d'insister beaucoup. Elle est, pourtant, peu appréciée par quelques créateurs de prairies. C'est à tort ; son fourrage est bon et abondant, et elle a l'avantage d'amener sa graine de bonne heure à maturité tout en restant verte; elle se resème d'elle-même. La minette sauvage est moins bonne.

Le sainfoin, esparcette ou bourgogne ne convient qu'aux terrains calcaires et donne un fourrage de très bonne qualité.

Le trèfle des prés et le trèfle rouge sont de très bonnes plantes de prairies qui sont vivaces, mais elles sont difficiles à se procurer; elles poussent naturellement dans les terres de bonne qualité.

Le trèfle blanc, extrêmement rustique, résiste même aux grandes chaleurs, ne craint pas d'être foulé aux pieds, et repousse constamment sous la dent du bétail. Une des meilleures plantes et pour faucher et pour pâturer.

Le trèfle hybride, alsike ou *de Suède* réussit très bien sur les terrains froids et humides, et donne un très bon fourrage. Sa durée est de cinq à six années. Il est trop peu répandu en France où il n'est connu que depuis quelques années. Certains agents d'affaires ont essayé de le vendre sous divers faux noms et à des prix exagérés; c'était une vulgaire escroquerie. Cultivé depuis de longues années en Suède, ses graines sont couramment dans le commerce. Certaines personnes ne l'ayant point cultivé lui reprochent, à tort, de n'être pas indigène et de ne devoir point réussir en France; à Railly il a parfaitement réussi.

A côté de ces trèfles se trouvent *les trèfles, bleu, jaunâtre, filiforme, fraise, des montagnes* qui, à la faulx, fournissent très peu de fourrage, mais qui sont recherchés par le bétail. Ils se jettent naturellement dans les prés créés depuis un certain temps; on les répand encore en semant des graines de fenil, mais, là où ces graines lèvent bien, la qualité du foin ne compense souvent pas la quantité qui manque.

La pimprenelle ne convient réellement qu'aux terrains calcaires secs, bien qu'elle pousse dans les terrains moyens et siliceux. Elle convient peu pour le fauchage, mais pour le pâturage, si, surtout, on doit y mener des moutons à l'arrière saison.

Le plantain lancéolé qui pousse naturellement dans presque tous les terrains est une excellente plante pour le pâturage ; au fanage, il devient noir, et se brise aisément.

La mille-feuille forme un bon pâturage et donne du parfum au foin. Il est bon d'en avoir une petite quantité à cause de ses propriétés apéritives, mais son foin est médiocre ; la plante a le défaut d'envahir le sol et d'être difficile à détruire.

La jacée des prés, que les animaux pâturent volontiers lorsqu'elle est jeune et tendre, donne un foin dur et grossier. Elle ne convient pas aux bêtes à cornes qui la laissent souvent dans la crèche. Les chevaux la consomment mieux. Elle est, à tort, très estimée dans le pays, sous le nom de Maillon, et tout le monde, dans la région, désigne le bon foin sous la dénomination de foin de Maillon. Elle montre surtout que le foin a été récolté sur des terrains sains. Les graines de fenil de la région de Guillon et d'Avallon en sont pleines.

2° PLANTES INUTILES.

Les plantes inutiles sont nombreuses ; leur nomenclature serait trop longue.

Parmi elles, je citerai la carotte sauvage, la marguerite des prés, grande et petite, le panais sauvage, les orties, la cocrète ; elles ont peu de qualité, mais sont néanmoins consommées par le bétail ; elles font masse dans le foin.

3° PLANTES NUISIBLES.

Un très grand nombre de plantes qu'on trouve communément dans nos prairies sont nuisibles soit à l'herbe, soit aux animaux. Ainsi les crète de coq, prèle, chardons, joncs, lèches, ail, plantain des oiseaux ou pas-d'âne, roseau, genêt d'Espagne, etc... empêchent la bonne herbe de pousser et gâtent le foin. Parmi celles qui nuisent au bétail : ail, anémone, ciguë, colchique, euphorbe, narcisse, renoncules variées etc...

Sols de l'Avallonnais. — Les sols de l'Avallonnais peuvent se classer en trois catégories :

1° Sols argileux et argilo-siliceux ;

2° Sols calcaires argileux et calcaires siliceux ;

3° Sols siliceux et granitiques.

Puis une quatrième catégorie qui comprend une partie importante des prés du Morvand.

4° Sols humides, marécageux et tourbeux.

Sols argilo-siliceux et siliço-argileux. — Nous allons rapidement donner la nomenclature des plantes qui conviennent ou qui peuvent réussir sur chaque espèce de terrain. Elles sont les mêmes pour les sols argileux et pour les sols argilo-siliceux. Il faut absolument se rappeler que ces derniers sont plus frais que les preniers.

Agrostis des chiens.	Les pâturins.
— stolonifère.	Vulpin.
Brome des prés.	Minette.
Fromental.	Lotier corniculé.
Crételle des prés.	Les trèfles divers sauf l'anthyl-
Dactyle pelotonné.	lide.
Toutes les fétuques.	Pimprenelle.
Fléole des prés.	Mille-feuille.
Les ray-grass.	Plantain lancéolé.
Houlque laineuse.	Jacée des prés (Maillon).
Flouve odorante.	

Sols calcaires argileux et calcaires siliceux. — Les premiers sont supérieurs aux derniers.

Fromental.	Ray-grass anglais.
Brome des prés.	Minette.
Canche flexueuse.	Sainfoin.
Dactyle pelotonné.	Anthyllide.
Les fétuques.	Pimprenelle.
Jacée des prés.	Trèfle blanc.
Mille-feuille.	— violet.
Flouve odorante.	

Dans une faible proportion :

Les pâturins.   Plantain lancéolé.
Houlque laineuse.

Sols siliceux, granitiques, secs.

Agrostis, excepté celle stoloni-   Ray-grass anglais.
   fère.   —   d'Italie.
Fromental.   Vulpins.
Brome des prés.   Minette.
Canches.   Lotiers divers.
Crételle des prés.   Trèfles divers.
Dactyle.   Mille-feuille.
Fétuques diverses.   Plantain lancéolé.
Houlque laineuse.   Jacée des prés.
Les pâturins.

Dans les terrains humides toutes les bonnes plantes des terrains fertiles se retrouvent, mais associées à des joncs et à une foule de renonculacées et de narcisses qui en font un foin plat, aigre et insapide.

Mais si toutes ces plantes conviennent à ces divers terrains, on est loin de les rencontrer couramment dans les prairies de l'Avallonnais. Celles-ci se composent surtout d'agrostis, crételle, de quelques fétuques, de paturin commun et annuel, de jacée des prés, des divers trèfles en proportions variées, associés à des plantes inutiles ou nuisibles en assez grande quantité. Mais les bonnes plantes telles que le dactyle et les meilleurs des graminées font parfois entièrement défaut ou n'y figurent qu'à titre d'échantillons. Les prés de Morvand contiennent surtout beaucoup de houlque laineuse et de crételle jointes aux lotiers et aux divers trèfles. Aussi les foins ont-ils souvent le défaut d'être un peu doux. En somme la production de foin est médiocre ; la moyenne pour l'Avallonnais n'est guère que de 2000 kilogr. de foin sec ou 400 bottes à l'hectare.

A propos des quantités de graines à employer, je dirai uniquement qu'avec 70 à 100 kilogr. de graines de commerce à l'hectare, on peut semer une bonne prairie. Le prix varie entre 80 et 120 francs. Avec des graines de fenil, il faut 40 à 50 hectolitres, et si on ne les récolte pas soi-même la dépense varie entre 180 et 200 francs à l'hectare. Pour certains la dépense s'élève à 300 francs. Ces graines coûtent en général 5 francs l'hectolitre.

Prairies temporaires à base de graminées.

Les prairies temporaires à base de graminées sont simplement des prairies qui ont été créées en cours d'assolement, et qui sont, sauf exception, destinées à ne durer qu'un temps parfaitement défini à l'avance. Elles peuvent évidemment être aussi créées en dehors de l'assolement. Elles ont le grand avantage de ne demander aucuns frais spéciaux de création ; elles sont semées dans une céréale (avoine, orge ou sarrasin); donc pas d'interruption dans le produit de la terre. Les graines à employer sont les mêmes que pour les prairies permanentes : soit les graines de fenil, dans ce cas il est bon de leur ajouter un peu de trèfle blanc à moins que les graines n'en contiennent; soit des graines de commerce, mais alors il est fait choix des variétés les plus vigoureuses et les meilleures, surtout si la prairie est faite après une plante sarclée fumée. Parmi ces espèces nous citerons :

Dactyle pelotonné.
Fromental.
Houlque laineuse.
Brome des prés.
Les fétuques.
Les pâturins.

Fléole des prés.
Minette.
Trèfle blanc.
— hybride.
— violet.
et le sainfoin pour les terrains calcaires.

Des plantes secondaires comme le plantain lancéolé, la

pimprenelle, la jacée des prés peuvent y être utilement ajoutées. Il faudra éviter de semer des plantes demandant trop de temps à arriver au maximum de production, telles que les vulpins, ou des plantes salissantes telles que les agrostis ou la mille-feuille.

Cette introduction de la prairie dans l'assolement a un grand intérêt pour la culture française. C'est elle qui a permis à l'agriculture anglaise de faire des progrès si rapides, et qui l'a amenée à avoir un rendement moyen à l'hectare de 24 hectol. 39 en blé et de 38 hectolitres en avoine. En France, il n'est que de 14 hectol. 95 pour le blé et 22 hectol. 09 pour l'avoine. Notre climat, il est vrai, ne se prête pas aussi bien que celui de l'Angleterre à la production herbacée, et la constitution foncière de la propriété est surtout un obstacle. Le morcellement, les parcelles peu étendues, les assolements forcés qui en résultent, empêchent souvent le cultivateur d'accomplir les progrès qu'il sent et qu'il désire. Sa routine n'est bien souvent qu'impuissance. L'Avallonnais en souffre moins peut-être que certaines parties du département ; aussi, le sol s'y prêtant, a-t-on pu transformer en prés une quantité notable de terres arables. Malheureusement, on a tendance à les considérer comme permanents, alors qu'ils ne donnent vraiment des produits que pendant quelques années. D'un autre côté, très peu de baux autorisent les fermiers à rompre des prés, alors même qu'ils les auraient créés eux-mêmes. Dans ces conditions, les profits obtenus les premières années s'amoindrissent, et sont quelquefois bien longs à revenir. Je parle surtout des prés faits dans les terrains ordinaires et secs. La prairie temporaire à base de graminées, ou, pour me faire mieux comprendre, le pré temporaire rendrait assurément des services bien plus grands. Dans beaucoup d'exploitations, lorsqu'une terre a été mise en céréales un certain nombre d'années, on la laisse se reposer. Les uns sèment de la luzerne qui dure cinq à six ans, mais le retour trop fréquent de cette légumineuse épuise non le sol mais le sous-sol, et comme ce sous-sol est rarement engraissé, la plante n'y trouve plus les éléments qui lui conviennent, aussi celle-ci est-elle rapidement envahie par une végétation herbacée propre seulement au pâturage ; d'autres y sèment du trèfle, font deux coupes la première année, puis laissent la pièce en pâturage pendant trois ou quatre ans, par suite de l'engazonnement naturel du sol. D'autres, et en Morvand c'est le plus grand nombre, laissent le sol s'engazonner naturellement. Dans l'un ou l'autre cas, le pré temporaire semé rendrait bien plus de services. Dans la dernière céréale de l'assolement, on sèmerait les graines de graminées et de légumineuses ; l'année qui suit le semis, on peut faire une très bonne coupe si les espèces choisies ont été bien appropriées au sol, puis continuer à soumettre au régime de la faulx ou mettre en pâturage ; mais au bout de trois à quatre ans la production diminue, et alors il devient utile de la rompre. Lorsqu'il a été pâturé pendant ce laps de temps, comme une partie des éléments consommés a été restituée par les déjections des animaux, sa durée peut être prolongée.

Mon avis est que beaucoup de prairies permanentes ou plutôt prétendues permanentes sont dans le même cas et seraient utilement rompues après un certain nombre d'années, surtout si on n'a pas chaque année maintenu leur fertilité ; c'est le cas le plus général. Nous verrons plus tard par quels moyens on peut maintenir la fertilité des prairies, mais très généralement, il y a plus de profits à rompre, à labourer quelques années et à resemer de nouveau. On s'assurera ainsi une bien plus grande production fourragère. Voici sur quels faits je me base. Il résulte d'analyses faites par divers chimistes, et entre autres par M. Joulie, que les plantes fourragères ont de grandes exigences en éléments minéraux et surtout en potasse. Il faut donc qu'elles aient toujours à leur disposition une couche de terre meuble assez épaisse pour que leurs racines puissent aller y puiser leur nourriture. Cette condition se trouve parfaitement réalisée par la prairie qui vient d'être créée, car alors le sol a été profondément labouré et soigneusement ameubli. Mais, à mesure que la prairie vieillit, le sol s'affaisse, se resserre, devient plus impénétrable aux racines et à l'eau. On ne saurait trop insister sur cette question d'imperméabilité à l'eau, qui, outre qu'elle empêche les terres d'absorber l'eau provenant de la pluie, les rend incapables de faire remonter par capillarité l'eau du sol et les dessèche trop en été. Ce résultat se produit souvent sur les terres argileuses, les terres d'*eaux bues*. Le fauchage et le pâturage s'en ressentent beaucoup, car alors l'herbe est détruite.

« D'un autre côté, la végétation laisse chaque année des débris organiques abondants qui forment peu à peu une couche humoïde d'une faible épaisseur dans laquelle végètent presque exclusivement les racines des graminées, celles des légumineuses étant seules assez fortes pour plonger dans le sol compact sous-jacent. » Cette couche superficielle est très riche en azote, mais cet azote est engagé dans des combinaisons insolubles et acides que la charrue peut seule remettre en valeur en les mélangeant avec les éléments minéraux contenus dans le sous-sol qui s'enrichit, d'un autre côté, par capillarité. Ces éléments minéraux, et parfois d'autres apportés du dehors tels que les phosphates fossiles et la chaux, sont indispensables pour amener la nitrification de ces matières humiques. « La prairie, dit à juste titre M. Joulie, fabrique de l'humus mais n'en consomme pas. » Les éléments minéraux sont, dans cette couche superficielle, en quantité tout à fait insuffisante, et, comme ils sont enlevés chaque année par la récolte du foin, et qu'ils ne peuvent être ramenés des couches inférieures parce que les racines des graminées ne les atteignent point, on voit les bonnes espèces disparaître et les mauvaises prendre leur place. Non-seulement la quantité du foin diminue, mais aussi sa qualité est inférieure. Il est donc évident, que le cultivateur, en ne rompant pas ces prairies, perd un capital engrais, substances azotées à la surface, substances minérales dans le sous-sol, qu'il laisse s'accumuler sans profit dans le sol, tandis qu'en les remettant en culture, il peut récolter, *à un prix de revient assez bas*, de bonnes céréales. Ce système fort suivi dans la Nièvre a été une des causes de la richesse de ce département. Les pâturages y sont maintenus pendant huit ou dix ans, on les rompt et on y prend jusqu'à *quatre* récoltes successives de céréales sans fumier ; on sème dans la dernière des graines de prairies après un chaulage.

J'ai entendu citer l'exemple d'un herbager du Nord-Est dont les herbages sont aménagés en sept années ; tous les ans, il en rompt un à l'automne, travaille sa terre pendant l'hiver et le printemps ; à cette époque il resème des graines de prairies dans une céréale qui donne un bénéfice. Chaque année il opère ainsi; les résultats financiers de l'opération sont, m'a-t-on dit, très satisfaisants ; les prairies doivent, en tout cas, fournir une plus grande quantité de fourrage. Pendant toute la durée de l'engraissement, les animaux reçoivent du tourteau de coton dans le pré.

Dans le cas de rupture de prairies nivelées, on objecte qu'on ne peut maintenir ce nivellement. Les charrues Brabant doubles sont la réponse à cette objection qui perd de sa valeur (1). Les prairies temporaires ont l'avantage de ne point demander de nivellement. C'est surtout

---

(1) Il est évident que, quand les prés sont irrigués et que des travaux importants ont été faits dans ce but, on ne peut les rompre sans motifs très sérieux.

lorsqu'elles sont destinées au pâturage que les prairies temporaires peuvent être vraiment considérées comme faisant partie d'une culture améliorante. En introduisant les fourrages intensifs dans l'assolement sur une partie de l'exploitation, on arrive au régime vraiment progressif : la culture pastorale mixte moderne, comme l'appelle M. Heuzé.

Entretien des prairies et soins à leur donner.

Les prairies, sauf celles situées dans les terrains très fertiles, doivent être considérées comme portant une récolte ordinaire, et recevoir des façons destinées soit à augmenter leur fertilité soit à la maintenir. Nous ne parlerons pas de l'irrigation qui nous entraînerait trop loin, mais qui est, quand les circonstances le permettent, un des premiers facteurs de la végétation herbacée. Il serait à désirer que les Sociétés d'Agriculture du département envoient dans le Limousin ou dans l'Est des commissions qui iraient étudier sur place les systèmes employés pour la bonne utilisation de l'eau, qui sont extrêmement simples, mais sont presque complètement inconnus dans nos pays, où on ne sait pas tirer de l'eau tout le profit qu'elle pourrait donner.

Un second point qui a un rapport intime avec le premier est l'assainissement, et, c'est surtout en Morvand qu'il est utile.

Dans nos prés de vallées, dont un grand nombre sont constitués par des dépôts organiques venant du haut des montagnes, la terre ressemble parfois à la tourbe, et repose sur un sous-sol argileux, glaiseux même ; sous cette couche de glaise souvent assez épaisse, on rencontre du sable. Cette formation est logique, et explique le grand nombre de sources mortes, de *boudelles* qu'on trouve dans ces prés. Dans ces prairies qui sont presque toutes traversées par des ruisseaux, il n'y aurait pas besoin d'irrigation, il y a excès d'eau ; il faudrait assainir, et en beaucoup de circonstances, le drainage à ciel ouvert est le seul qui pourrait réussir, en faisant des fossés d'écoulement et des rigoles d'assèchement qui viennent s'y déverser. Cet excès d'eau rend ces prairies acides ou aigres. Le foin y est de mauvaise qualité, le pâturage médiocre, et le sol souvent saturé d'eau ferrugineuse. Les joncs, les renoncules constituent le fonds du pré, on y voit en petite quantité de la houlque laineuse et du trèfle blanc. L'assainissement changera la nature de l'herbe surtout si, à l'aide d'engrais, on désacidifie le sol.

Les prairies, les vieilles prairies sur terrains secs principalement, sont fréquemment envahies par la mousse, qui étouffe la végétation des jeunes herbes, surtout de celles qui proviennent des graines de l'année précédente. Il faut avoir soin de les herser, et ne pas craindre de le faire énergiquement. Les herses dites à chaînons conviennent parfaitement pour ce genre de travail. Le moment le plus favorable pour faire cette opération est la fin de l'automne, ou le commencement de l'hiver, lorsque le sol est un peu humide (un peu de neige ne gêne pas). La mousse soulevée en cette saison est détruite par les fortes gelées de l'hiver. Une fois le foin récolté, on peut encore le faire, la grande chaleur produit le même résultat, mais il est préférable de herser à la première époque. Au printemps, un coup de rouleau plombeur fait le plus grand bien aux prairies, il rechausse les plantes qui ont été soulevées par les gels et dégels, et favorise le tallage. Ces façons, peu habituelles dans nos pays, ont une grande influence sur le produit de la prairie, j'ai pu m'en rendre compte par mon expérience personnelle, et, l'an prochain, j'ai l'intention de traiter de cette façon la plus grande partie de mes prairies. Elles ont encore un grand avantage, c'est d'exécuter d'une manière hors ligne l'étaupinement, bien mieux que toute espèce d'étaupinoir ou que la main de l'homme, à condition toutefois que les taupinières ne soient pas engazonnées. Dans ce cas on pourrait se servir d'un instrument que j'ai vu en Amérique ; il est destiné à enlever les mottes et à les régaler dans les fondrières. Il se compose d'un châssis carré auquel on attelle soit par un timon soit par une limonière les animaux de traction. A la partie antérieure du châssis se trouvent des dents d'acier en forme de coutres de 15 à 20 centimètres de longueur, légèrement inclinées en avant ; ces dents sont à une distance de 12 centimètres. Elles fendent la terre dans toute sa longueur et font que le sol s'aère ; vient ensuite une lame d'acier horizontale et tranchante qui coupe ce qui dépasse le niveau de la prairie, par exemple les taupinières herbues, les fourmilières, et les soulèvements faits par les pas du bétail. A la suite de cette lame en vient une autre inclinée d'arrière en avant à 45° environ qui pousse devant elle tout ce que la lame précédente a tranché ; au fur et à mesure que se présentent un bas-fond, un trou fait par les pas des animaux, elle y abandonne tout ou partie de ce qu'elle a entraîné.

Enfin un rouleau plombeur en fonte de petit diamètre est adapté à l'arrière et tasse le sol.

Je ne puis indiquer exactement la largeur de l'instrument. Le poids approximatif était de 450 kilogrammes. Quelques-uns, m'a-t-on dit, ont été vendus en France.

Un autre instrument, que j'ai vu employer en Amérique pour amener les foins sur les limites de la prairie sans l'abîmer avec les roues des chariots, est un traîneau à larges patins sur lequel on chargeait l'herbe séchée. Cet instrument pourrait être utilement employé en France pour l'enlèvement des terres provenant des rigoles, le transport des composts, engrais, etc. Une caisse de tombereau montée sur un rouleau pourrait faire le même travail.

L'ébousage est aussi une bonne opération, mais qui n'est possible que lorsqu'on dispose d'une main-d'œuvre suffisante et pas trop chère.

Amendements et Engrais.

Nous n'avons pas besoin d'insister sur la nécessité et l'efficacité des engrais sur les prairies. C'est l'application pure et simple de la théorie de restitution, et nous avons vu plus haut, lorsque nous avons parlé de la couche superficielle de la prairie, combien elle s'imposait. D'un autre côté, certains de ces engrais agissent comme nitrificateurs des matières humiques, et rendent plus solubles, plus assimilables les éléments nécessaires aux plants.

Le premier des engrais, par ordre d'ancienneté, est le fumier de ferme. Son action sur l'herbe est bien connue. Le résultat équivaut-il à la dépense ? Je ne le pense pas. D'abord parce que l'azote du fumier est engagé dans des combinaisons qui ne le laissent dégager que lentement et dans des conditions qui se trouvent peu réalisées dans les fumures en couverture. Il agit davantage par la chaux, l'acide phosphorique, la potasse qu'il contient. Il a l'inconvénient d'augmenter les matières humiques, non assimilables, avons-nous dit, de la surface de la prairie. Il ne faut donc point l'appliquer sur les prairies acides. Son maximum d'effet utile est produit sur les prés secs et calcaires. De plus la main-d'œuvre est dispendieuse. Il doit être appliqué au commencement de l'hiver, et encore il arrive souvent qu'au printemps, il n'est pas entièrement décomposé ; il faut alors, pour ne pas bourrer le foin, relever les résidus au rateau, et les enlever de la prairie. L'emploi du rateau à cheval facilite cette manutention. Quand le fumier est appliqué sur des prairies destinées au pâturage, son emploi est plus profitable ; il est alors moins nécessaire d'enlever les résidus, mais souvent les animaux mangent l'herbe avec peu de plaisir ; ce n'est que lorsque la saison s'avance qu'ils la consomment plus volontiers.

Le purin étendu d'eau est un des meilleurs engrais pour les prairies, son effet est rapide mais passager, parce que les éléments qu'il contient sont plus vite assimilés par les plantes.

Les cendres lessivées agissent par le phosphate et le carbonate de chaux qu'elles contiennent. Les cendres non lessivées contiennent en plus des carbonates de potasse et de soude. Leur effet est très marqué sur les prairies acides, quoiqu'assez lent à se produire ; elles détruisent les joncs et autres plantes marécageuses, mais il faut auparavant assainir la prairie.

Les phosphates de chaux fossiles et la poudre d'os agissent très énergiquement sur les mêmes prairies, non-seulement par l'apport d'acide phosphorique, mais aussi comme agents de nitrification des matières humiques. Suivant les phosphates employés, l'effet est plus ou moins rapide. Au contact des acides du sol, le phosphate fossile ou tricalcique se transforme en phosphate monocalcique et son acide phosphorique devient soluble. Les acides du sol se sont emparés, saturé de la chaux du phosphate, et forment des combinaisons calcaires qui facilitent la nitrification des matières organiques. Les plus estimés sont les phosphates des Ardennes.

L'effet s'aperçoit par le changement de la flore ; les plantes qu'entretenait l'acidité du sol disparaissent pour faire place aux espèces meilleures (1). J'ai répandu ces phosphates sur les pâturages où sont mes animaux d'éle-

(1) Des essais faits par M. Agrand sur le domaine du Lys, ont montré que la proportion de plantes utiles avait monté de 54 à 70 pour 100 par suite de l'application de phosphate de chaux. La dépense était de 15 francs par hectare.

vage, et j'ai pu constater un accroissement sensible dans la taille de mes jeunes animaux. C'est un des meilleurs engrais ou plutôt amendements à employer sur nos prés froids et acides du Morvand.

Leur emploi persistant modifierait profondément les conditions de notre élevage bovin. La quantité à semer varie, suivant richesse, entre 500 et 1000 kilogrammes à l'hectare. On considère que l'effet produit ne dure pas plus de deux à quatre ans.

La chaux pourrait aussi être en certains cas employée directement dans les prairies acides. C'est, on le sait, l'agent nitrificateur par excellence. Je ne puis parler de ses effets par expérience personnelle, ne l'ayant jamais employée seule, mais en composts ; le résultat obtenu est très considérable. Vous appliquez alors au sol de l'azote qui est à l'état nitrique et qui est immédiatement absorbé par les plantes. Ces composts sont faits avec des curures de fossés, de mares, d'étangs, des herbes aquatiques, toutes les terres et matières organiques dont on peut disposer. On les place par couches alternatives avec de la chaux ; on abandonne pendant deux ou trois mois les tas à eux-mêmes, puis on les recoupe une ou deux fois avant de les épandre. On améliore les composts faits avec des terres en y incorporant du fumier lors du premier recoupage. Les proportions sont 1 mètre cube de chaux pour 10 mètres cubes de terres, et pour 10 mètres cubes de ce mélange, 1 mètre cube de fumier. Au bout de quatre ou cinq mois on recoupe ce compost. J'ai pu par moi-même, juger des effets remarquables produits sur une bonne prairie moyenne.

Lorsqu'on a fumé les prés avec du fumier de ferme, le meilleur moyen d'obtenir de cet engrais le maximum de produit est de répandre l'automne suivant de la chaux vive sur la prairie. Les matières organiques ou humiques peuvent alors se nitrifier et concourir à la nutrition des plantes.

Dans les bonnes prairies en bonnes terres, les engrais chimiques, superphosphates de chaux, nitrate de soude, sulfate d'ammoniaque, chlorure de potassium, sulfate de potasse sont les meilleurs à employer. Les Anglais et en particulier le docteur Vœlcker recommandent le fumier, les chimistes français au contraire sont partisans des engrais chimiques. On a déjà vu plus haut, quelle était mon opinion personnelle ; ma pratique l'a confirmée. Avec les engrais, la dépense première est moins considérable, l'effet produit plus grand, peut-être un peu moins durable. La manutention en est très simple, et l'épandage peu coûteux. Deux hommes peuvent en semer quatre à cinq hectares par journée d'hiver. L'un sème, l'autre fournit le semeur. Nous ne parlons pas de semoirs à engrais — Josse, Couteau — qui rendent de grands services, mais ne peuvent fonctionner économiquement que dans des exploitations un peu étendues et dans certaines conditions de conformation de terrain.

Les engrais que j'emploie ordinairement sont les superphosphates et le nitrate de soude. Mon terrain, très riche en potasse, me permet de ne point en apporter ; d'un autre côté, le nitrate de soude, attirant les racines profondément dans le sol, leur permet d'aller chercher plus bas les éléments minéraux dont elles ont besoin. Le sulfate d'ammoniaque ne donnerait pas le même résultat mécanique. Quelques personnes pensent qu'il est inutile d'appliquer du nitrate de soude aux prairies ; à leur avis, les prairies trouvent suffisamment d'azote dans l'atmosphère, et qu'il n'est nécessaire d'apporter que la potasse, l'acide phosphorique et la chaux. Les essais que j'ai faits m'ont prouvé le grand effet du nitrate de soude, et au point de vue de l'azote qu'il donne et au point de vue de son action mécanique. J'ai semé du nitrate de soude seul, et ai vu les légumineuses se développer en même temps que les graminées. La quantité que j'emploie est de : 200 kilogrammes de superphosphate de chaux à 11 ou 12 de richesse et 100 kilogrammes de nitrate de soude, soit une dépense de 52 à 55 francs à l'hectare. Dans les terres pauvres en potasse, on peut remplacer 50 kilogrammes de nitrate de soude par 50 kilogrammes de chlorure de potassium. L'engrais qui serait à préférer serait le nitrate de potasse, mais son haut prix le rend d'un usage dispendieux.

Je donne ici la formule d'un engrais complet pour prairies employé par M. Fagot à la Maison-Haute dans les Ardennes.

45	kilogrammes	nitrate de soude.
40	—	superphosphate de chaux.
200	—	phosphate fossile.
35	—	chlorure de potassium.
20	—	sulfate de potasse et de magnésie.

340 kilogrammes.

Il convient pour des vieilles prairies contenant un peu d'acidité. Son prix de revient, semé, revient entre 45 et 50 francs à l'hectare.

Un autre moyen d'entretenir la fertilité des herbages est la consommation de tourteaux donnés aux animaux dans les prés. Nous nous étendrons plus longuement sur cette pratique lorsque nous parlerons du pâturage. On sait que les animaux éliminent par leurs déjections une partie des éléments qu'ils ingèrent. Ces éléments venant de l'extérieur, il est évident que la prairie profite du surplus, et s'enrichit.

Utilisation des prairies.

Il y a trois moyens d'utiliser l'herbe des prairies : le fanage, le pâturage et l'ensilage. Avant d'entrer dans le vif de la question, nous reviendrons en arrière, et nous redirons quelques mots des semences à employer suivant le but auquel on destine les prairies. Si le fauchage est leur seule destinée, il faut, suivant les besoins et les ressources de l'exploitation, les faire succéder par ordre de maturité, c'est-à-dire semer ensemble les espèces hâtives, puis sur un autre pré les espèces moyennes, enfin sur un autre, les espèces tardives. Un pré semé avec des espèces soit hâtives soit tardives donne des produits meilleurs que lorsque ces deux sortes d'espèces sont mélangées. En effet, lorsque les herbes hâtives sont bonnes à couper, les herbes tardives n'ont pas encore atteint leur développement, d'où diminution dans le produit ; d'un autre côté lorsque ces dernières arrivent à maturité, les premières sont trop avancées dans leur végétation, d'où moindre qualité du foin. Pour le pâturage, au contraire, le mélange est le meilleur parce que le gazon est mieux renouvelé sous la dent du bétail. Quant à moi, je trouve que les prés destinés au fauchage seul sont trop spécialisés, et exposent l'exploitant à ne pas tirer le maximum de profits pécuniaires de sa terre. Je préfère de beaucoup des mélanges moyens pouvant se prêter à toutes combinaisons spéculatives.

Nous n'insisterons pas sur les procédés de fauchage, de fanage à la main. Ils sont trop répandus, et, en général, bien exécutés. Le fauchage à la machine prend tous les jours plus d'extension ; les faucheuses sont entrées dans le matériel courant de nos fermes, même en Morvand. Il en est de même du rateau à cheval ; mais peu de cultivateurs savent s'en servir convenablement dans la fenaison des prairies artificielles. On sait que les légumineuses craignent d'être trop secouées, car alors elles perdent leurs feuilles. Aussi a-t-on l'habitude de les laisser sécher en andains, et de retourner simplement les andains, au bout de vingt-quatre ou quarante-huit heures suivant le temps. La partie, qui était dessous, sèche ainsi à son tour. Cette opération se fait ordinairement à la main. Le rateau à cheval l'exécute avec une rare perfection, mais il faut un homme soigneux afin de lever à temps le levier.

Un instrument trop peu répandu est la faneuse ; elle permet d'amener plus rapidement le foin au point de dessiccation voulue. Les faneuses les plus pratiques sont celles qui ont double mouvement, l'un projetant le foin en l'air, l'autre le retournant et le soulevant. Le travail exécuté varie entre 35 et 50 ares à l'heure ; je l'emploie depuis six ans, et n'ai lieu que de me louer de mon acquisition.

Ainsi donc par ces procédés mécaniques on a pu abréger ces opérations — fauchage, fanage, ratelage — si longues à exécuter à bras d'hommes sur les exploitations un peu étendues. Mais on a été plus loin avec le chargeur et le déchargeur mécaniques. Ces instruments sont encore peu connus en France. !Le chargeur mécanique, qu'on trouve chez Pilter, se compose d'un bâti en bois monté sur deux roues qui s'accroche derrière les chariots ; un système de dents analogues à celles de la faneuse projette le foin sur un tablier sans fin qui l'amène sur la voiture, où il est reçu par un homme ; il peut monter le fourrage à la hauteur de cinq mètres. L'attelage suit les aroues ou rouleaux de foin faits par le rateau. Cet instrument fonctionne bien ; je l'ai vu en marche en Amérique et dans une exploitation de l'Ain. C'est là aussi que j'ai vu servir le déchargeur mécanique. Il se compose d'une pièce en forme d'ancre dont les deux bras sont à charnières et peuvent se redresser ou s'abattre. On pique sur la voiture une certaine quantité de foin, environ la valeur de 15 à 20 bottes ; un jeu de poulies enlève le système — les deux bras s'ouvrent — et le fourrage est amené à la place voulue ; les deux bras retombent par un déclanchoir, et laissent tomber le foin. Une voiture pouvant contenir 150 bottes est déchargée en cinq minutes. L'inconvénient qu'il présente est de ne pas pouvoir être employé dans toutes les granges, à cause de la disposition spéciale de charpente qu'il demande.

Dans les pays où on laisse les foins en meulons dans les prairies, le chariot à meulons — embilloteuse — de M. Couteau rend de grands services, en permettant de ranger tous les meulons le long d'un des côtés de la prairie. Il se compose d'une sorte de caisse de tombereau basse dont l'enfonçure est remplacée par des chaînes mobiles. Deux ouvriers entassent le foin dans cette caisse, et lui donnent la forme d'un meulon, 100 bottes environ ; puis le chariot est mené à l'endroit choisi : on décroche les chaînes à l'arrivée, et le meulon est déposé sans secousse.

Tous ces instruments peuvent, dans des circonstances données, rendre de grands services au cultivateur qui ne les connaît pas assez.

Utilisation par le pâturage.

Que les pâturages soient consacrés à l'élevage, à l'industrie du lait, ou à l'engraissement, ils doivent obéir autant que possible à cette condition, c'est d'être à végétation constante, précoce et prolongée. Aussi, lorsqu'on les sème, doit-on associer des plantes à végétation rapide, hâtives et tardives, et repoussant bien sous la dent du bétail. Ceci est indispensable pour assurer le maximum d'effet utile. Ils doivent, en outre, être rustiques, bien supporter le pied des animaux et les sécheresses de l'été.

La pratique des embaucheurs, qui dit que, pour que les animaux engraissent rapidement, il faut qu'ils mangent *la pointe de l'herbe*, est parfaitement régulière et conforme aux recherches de la science. On sait, d'après les recherches de Payen, que les herbes contiennent une proportion d'azote d'autant plus grande qu'elles sont plus jeunes et plus tendres. Les expériences des chimistes ont démontré que les regains contiennent une quantité d'azote plus considérable que les premières coupes. Aussi voit-on les animaux au pâturage venir toujours manger sur les places dont ils ont déjà consommé l'herbe. La jeune herbe est plus nutritive, plus alimentaire, parce qu'elle contient plus d'azote. C'est pourquoi on doit s'attacher à semer des plantes repoussant rapidement sous la dent du bétail ou venant successivement en végétation. De là vient l'utilité de lâcher, dès la fin de l'hiver, des animaux dans les pâturages ; ils consomment la vieille herbe, et lorsqu'on arrive à mettre l'embauche en charge, on n'a plus que de l'herbe nouvelle, *la pointe de l'herbe*. Des chevaux ou des poulains mis dans le pré pendant l'hiver remplissent le même office. La digestibilité des fourrages est aussi augmentée par ce moyen ; un fourrage est d'autant plus digestible qu'il renferme plus de matières azotées et moins de cellulose brute. De plus, la totalité de l'azote donné par des coupes successives est, on le sait, plus grande que celle obtenue par un fauchage unique, c'est-à-dire que trois coupes faites sur une même prairie avant l'époque de la floraison donnent plus d'azote que la coupe unique faite à cette époque. C'est le cas dans la végétation permanente des pâtures. Les expériences faites à ce sujet en Allemagne sont concluantes. Les regains sont plus facilement digestibles que les premières coupes ; aussi ne peut-on s'expliquer la moins-value qu'ils subissent sur le marché lorsqu'ils ont été bien récoltés. Il est vrai que souvent, par suite de la saison avancée, ils sèchent difficilement et sont quelquefois mouillés.

Jusqu'à présent on n'avait attaché d'importance qu'aux matières azotées et à leur rapport avec les matières extractives non azotées additionnées aux matières grasses ; c'est ce rapport qu'on appelle valeur ou relation nutritive ; elle est exprimée par cette formule :

Matières azotées

Matières extractives non azotées + matières grasses.

Plus les deux termes sont rapprochés, plus la valeur du fourrage est grande.

Or, un fait très curieux a été mis en lumière par M. Joulie, et explique pourquoi certaines embauches anciennes poussent les animaux à un degré d'engraissement plus avancé que des pâturages de création nouvelle. Il fut frappé de ce fait qui lui avait été signalé par un cultivateur de la Brie. Il analysa le fourrage des deux pâturages, et voici les résultats qu'il obtint :

	Herbe d'une pâture	
	De 2 ans	ancienne
Matières azotées..................	14,45	12,67
Relation nutritive...............	1	1
	5,56	7,52

Ainsi, à l'analyse, la prairie nouvelle donnait un fourrage plus nutritif que l'ancienne, et cependant les résultats matériels prouvaient le contraire. L'explication de ce fait, que donne M. Joulie, est dans les chiffres complets de l'analyse. La prairie nouvelle ne contenait que 4,28 de matières amylacées, tandis que la prairie ancienne en contenait 14,03. Ce fait est très important à relater, et peu d'études ont, jusqu'à présent, été faites sur cette question, qui tend à faire jouer aux hydrates de carbone un plus grand rôle dans la formation de la viande. Ainsi se trouveraient expliqués les résultats magnifiques obtenus par les herbagers anglais avec la consommation des tourteaux de graines de coton au pâturage, surtout sur les prairies temporaires. Les tourteaux sont très riches en matières amylacées, dont ils contiennent 31 à 33 pour 100, tandis qu'ils ne dosent que 22 à 24 pour 100 de matières azotées. L'étude de cette question est encore incomplète ; mais il me semble qu'en employant les engrais alcalins ou calcaires, on favorise la production des hydrates de carbone dans les plantes, et, comme les pâturages nouveaux ont toujours une végétation bien plus vigoureuse et plus abondante que les prairies anciennement faites, bien entendu, sur le même terrain, l'avantage resterait encore, je crois, aux pâturages nouveaux, aux prés temporaires, qui peuvent porter un plus grand nombre de têtes de bétail. Cette question est, du reste, très complexe : il faudrait connaître quelles sont les plantes qui sont le plus aptes à fixer les hydrates de carbone. Les cultures précédentes doivent avoir de l'influence. Quoi qu'il en soit, j'ai obtenu sur des prairies temporaires des résultats d'engraissement très satisfaisants.

Charge des pâturages. — La charge des embauches varie entre 400 et 2000 kilogrammes de poids vif à l'hectare ; ce dernier chiffre est celui des pâturages de la vallée d'Auge. En général dans l'Avallonnais la moyenne est de 600 à 700 kilogrammes. Suivant que le pré est destiné à telle ou telle spéculation animale, il faut faire varier ce chiffre. Dans l'industrie laitière, si les vaches ne reçoivent pas de fourrages verts à l'étable, elles doivent disposer d'un parcours plus considérable, mais le lait fait dans ces conditions ne donne pas assez de profit, car les vaches ne disposent pas d'une nourriture suffisante pendant la fin de l'été. Le pâturage, pour que cette spéculation soit profitable, doit être plutôt considéré, pendant la plus grande partie de l'année, comme un supplément de nourriture et une mesure d'hygiène. Les vaches doivent être alimentées à l'étable.

Dans l'élevage, le but qu'on poursuit, et surtout le plus souvent les circonstances, les nécessités de l'exploitation font que l'éleveur charge plus ou moins ses pâturages. Dans nos contrées, les jeunes animaux sont lâchés dans les prés du 1er au 15 avril, jusqu'au 1er au 15 novembre.

On opère de même avec les mères-vaches. La pratique de lâcher les veaux avec les mères donne de bons résultats dans la Nièvre, et la plupart des fermiers de l'Avallonnais l'ont adoptée ; les veaux deviennent plus rustiques, et plus énergiques que dans l'élevage à l'écurie qui demande plus de main d'œuvre ; avec ce dernier système, on obtient, il est vrai, des animaux plus gros, mais dont le prix de revient est plus cher ; il convient surtout pour l'élevage des reproducteurs de choix.

On fait au système de lâcher les veaux avec les mères le reproche de diminuer les qualités laitières. C'est l'opinion de sir John Coleman, rapporteur de la prime d'honneur, de la Société Royale d'Angleterre en 1884. « La pratique universelle dans le Hereford de lâcher les mères avec leurs veaux n'est pas faite pour maintenir ou développer les qualités laitières. Le veau apprend à manger de l'herbe, et alors délaisse un peu le pis ; comme le lait n'est pas totalement abstrait, le flux se réduit rapidement. Cette pratique porte même préjudice aux qualités laitières des produits, parce que l'animal devient beaucoup trop gras ; et quoique cet état soit le résultat d'un régime naturel, il est mauvais pour le veau parce que le développement musculaire a été sérieusement empêché par le dépôt de graisse dans les tissus. » Sir Coleman trouve en outre que le système n'est pas rémunérateur, le veau ne payant pas le prix du lait qu'il a consommé. Je suis porté à croire au bien fondé de ces observations au point de vue des qualités laitières. Nous connaissons tous le reproche fait aux charolaises de ne pouvoir nourrir leurs veaux. Mais qu'y faire ? Sommes-nous dans un pays où le lait et ses dérivés soient d'un écoulement facile et rémunérateur ? Notre personnel n'est point apte à se prêter de suite à une transformation, qui exigerait, dès le début, une mise de fonds que beaucoup de fermiers ne pourraient faire. En outre, comme je le

disais plus haut, ce serait toute une modification à apporter dans nos cultures et nos assolements du centre de
la France. La question, néanmoins, mériterait d'être
étudiée sérieusement.

L'exploitation des herbages pour la production de la
viande exige une plus grande attention et est plus délicate. Il faut bien connaître les prés avec lesquels on
opère, et les aptitudes du bétail dont on dispose.

Voici la pratique générale suivie par les embaucheurs
de la région. De la fin de janvier à la fin de mars, on met
dans les embauches du quart au tiers de ce que la prairie
devra porter, soit qnatre à cinq têtes, si elle en doit
porter seize ; on les choisit peu avancées en viande ; elles
sont destinées à manger les herbes sèches provenant
de l'année précédente, et les herbes qui ont poussé pendant l'hiver. Leur rôle est de nettoyer le pré et d'em-
pêcher la jeune herbe de devenir trop grande. Puis en
avril et mai, on complète le nombre d'animaux dont
une partie devra être prête à vendre du 10 juin au 15 juillet ; ce nombre devra être comme plus haut du quart au
tiers. Aussi, dans ce second lot, devra-t-il y avoir des
animaux assez avancés pour pouvoir se finir rapidement.
Après cette vente ils ne sont, en général, pas remplacés,
sauf quand l'année est favorable. Le reste du stock est
vendu en septembre, octobre. La grande préoccupation
de l'embaucheur est, on le voit, que les animaux aient
toujours à leur disposition de *la pointe d'herbe.*

Dans notre région avallonnaise et morvandelle, les
embauches, sauf celles situées en terrain frais, souffrent
souvent des sécheresses de juillet et août. Les animaux
se comportent néanmoins assez bien s'ils ont de l'eau
de bonne qualité à leur disposition, et si l'embauche n'a
pas été trop chargée. Le fourrage est très nutritif, et,
comme la chaleur influe beaucoup sur la contenance des
plantes en matières hydro-carbonées, il est probable que

l'herbe est plus riche en matières amylacées que pendant les temps humides.

Certains embaucheurs mettent pendant l'hiver des poulains dans leurs herbages, environ un poulain pour quatre hectares. Ils vivent avec les vieilles herbes négligées par le bétail bovin l'année précédente, ils font le même effet que les bêtes mises de bonne heure. Il y a quelques années, certains embaucheurs payaient leurs herbes avec le bénéfice des poulains. La dépréciation subie par les poulains depuis deux ans rend cette spéculation moins lucrative, et, comme les chevaux recherchent toujours la meilleure herbe au détriment de la consommation des bovins, elle s'est un peu ralentie.

C'est avec intention que je ne parle pas du pâturage par les moutons. Ce qui précède s'applique aussi bien aux pâturages temporaires qu'aux pâturages permanents. Je ferai remarquer seulement que les prairies temporaires faites en cours d'assolement peuvent perdre en charge un poids vif plus considérable que les pâturages ordinaires. J'en ai donné la raison, lorsque j'ai parlé des motifs qui me rendaient partisan de la rupture des vieilles prairies.

J'ai parlé plus haut de la consommation au pâturage du tourteau de coton et signalé en passant les résultats remarquables obtenus par les Anglais. Très souvent ils le mélangent au tourteau de lin en portion égale. Voici ce qu'en dit M. W.-H. Carrington (1) : « Une ration quotidienne de ce mélange, commençant par une ration peu forte et augmentant à mesure que les animaux arrivent à maturité, donne un excellent rendement ; les animaux mangent moins d'herbe ; ils se reposent mieux, restant

(1) L'agriculture de l'Angleterre au congrès ouvert en 1878 par la Société des Agriculteurs de France. Chapitre sur l'agriculture pastorale par M. Carrington.

généralement couchés pendant une heure ou deux après
leur repas de tourteau le matin ; ils s'engraissent rapidement, et lorsqu'ils sont tués à la boucherie, leur rendement en viande de bonne qualité est particulièrement
agréable aux bouchers. La viande de bœuf est toujours
plus chère en été et au commencement de l'automne
que plus tard, ainsi les animaux à l'engrais sur les pâturages et qui consomment des tourteaux ont l'avantage
d'un meilleur marché. Sur les fermes où ce système est
suivi depuis plusieurs années, une amélioration manifeste
s'est produite dans le rendement des prairies. » Cette
pratique est encore peu répandue en France et devrait
l'être davantage. Voici les résultats que j'ai constatés.
Au 15 juin, des jeunes bœufs de trois ans étaient dans
un état parfait d'engraissement. La graisse semblait bien
répartie dans la chair, et les déchets devaient être peu
considérables. La viande, en un mot, était plus mûre que
ne l'est en général celle des animaux du même âge. Nous
avons vu, à propos des engrais, l'amélioration qui résulte
pour le sol de cette consommation, et à propos de la
valeur chimique des pâturages, quel rôle joue le tourteau
dans l'alimentation à l'herbe. C'est surtout avec les pâturages de création récente, avec les prairies temporaires,
qu'il paraît produire son maximum d'effet. Ces prairies
sont très riches en azote, et le tourteau, par son apport
d'hydrates de carbone et en particulier de matières amylacées, vient ajouter ce qui manque pour rendre ces fourrages plus digestibles, partant, faire assimiler au maximum les éléments nutritifs des plantes. Avec des animaux
qui n'ont point souffert avant d'être mis dans les herbages, la période d'engraissement peut être fixée à cent
jours ; dans la première, la ration est de 800 grammes
à 1 kilogramme, dans la seconde de 1 kilogr. 500 à
2 kilogrammes, dans la troisième de 2 kilogr. 500 à
3 kilogrammes. Elle est donnée, tous les matins, au pâ-

turage dans une auge ; quelques fermiers anglais la mettent sur le pré, ce qui n'est pas consommé sert d'engrais.
Dans ce cas, chaque jour on varie la place.

Examinons quelle peut être la dépense en prenant les
rations maxima, et le tourteau de coton provenant des
fabriques de Marseille dont le prix en gare d'Avallon est
de 13 fr. 55 soit 14 francs les 100 kilogrammes ou 0 fr. 14
le kilogramme rendu à la ferme et broyé. Cela fait pour
les trois périodes une quantité de 198 kilogrammes par
tête, représentant une dépense de 27 fr. 72. Cette dépense,
en somme peu élevée, est remboursée largement, 1° par
la plus-value de la viande, 2° par l'augmentation des têtes
que la prairie peut prendre en charge. Reste ensuite
l'amélioration de l'herbe qui, non-seulement se reporte
sur plusieurs années, mais encore augmente tous les
ans.

Les chiffres suivants sont intéressants à citer : A la mise
en charge, la prairie temporaire a reçu par hectare 900
kilogrammes poids vif en deux jeunes bœufs de trois ans ;
à la sortie, au 15 juin, ils pesaient, cent jours après,
1140 kilogrammes, soit une augmentation de 240 kilogrammes. Ils ont été vendus au prix de 0 fr. 90 le kilogramme vif, pris sur place. Soit un produit brut de
216 francs. Il faut en déduire le prix de 198 kilogrammes
de tourteau de coton par tête, revenant là à 0 fr. 14
dans l'auge ou 27 fr. 72, comme il y a deux têtes cela
fait 55 fr. 44 à retrancher de 216 francs, soit 160 fr. 56
de bénéfice, à l'hectare représentant la location de la
prairie, l'intérêt du capital bétail, et le bénéfice net. En
seconde saison la prairie a porté des animaux d'élevage
de l'exploitation. Je n'insiste pas sur les chiffres que je
viens de citer ; ils sont par eux-mêmes assez éloquents et
devraient engager les embaucheurs à en faire l'essai. J'ai
aussi engraissé des moutons qui allaient au pâturage
sur des chaumes de céréales, et recevaient en supplément

80 à 100 grammes de tourteau de coton, par tête à la bergerie. Le résultat a été des plus rapides et des plus satisfaisants. De plus les quelques vaches laitières que j'ai pour la consommation de la maison reçoivent matin et soir en revenant du pâturage une ration de ce même tourteau. Leur lait est très bon, très gras, et a augmenté.

Utilisation des prairies par l'ensilage.

Cette nouvelle manière d'utiliser les fourrages verts provenant soit des terres en culture soit des prairies commence à faire son chemin dans le monde agricole. Elle permet de faire consommer pendant l'hiver des fourrages qu'autrefois on ne pouvait donner qu'à l'état vert ou sécher difficilement. Disons de suite que le procédé s'applique bien plus aux fourrages artificiels qu'aux fourrages naturels. Mais ces derniers se prêtent aussi bien que les autres à cette pratique, dont la chimie est venue montrer la supériorité au point de vue alimentaire sur tout autre mode de conservation des fourrages. Il a le très grand avantage d'augmenter la digestibilité de tous les fourrages, et il semble rendre une grande partie de la cellulose digestible. Ce dernier point ressort d'expériences récentes de **M.** Joulie, et dont il a fait la communication à la Société des Agriculteurs de France.

L'ensilage fabriqué peut être à volonté doux ou acide ; le produit obtenu dépend de la plus ou moins grande rapidité apportée à la confection du silo. L'ensilage acide s'obtient en remplissant le silo rapidement et en le tassant de suite, l'ensilage doux en mettant plusieurs jours à remplir le silo. Dans ce dernier cas, on laisse le fourrage placé en premier dans la fosse, s'échauffer et atteindre la température de cinquante-cinq degrés centigrades, à laquelle d'après les découvertes de M. Pasteur, les bactéries de fermentation sont détruites. Puis on continue de

même avec une seconde couche. La valeur nutritive de
l'ensilage doux et de l'ensilage acide semble être la même ;
seulement avec l'ensilage acide, il faut ajouter soit avec
des tourteaux soit avec de la paille des matières grasses
à la ration. L'ensilage doux semble mieux convenir à la
production du lait. La question de la valeur nutritive
exacte de l'ensilage n'est pas encore entièrement élu-
cidée.

L'ensilage se fait soit dans des fosses, soit sur terre,
soit à l'air libre. La condition principale à remplir est
celle de la pression. Dans l'ensilage en fosses, le fourrage
peut être mis entier ou haché, ce dernier mode est presque
nécessaire pour les fourrages à grosses tiges comme le
maïs ou les tiges de topinambours ; on lui applique une
charge qui ne doit pas être inférieure à 400 kilogrammes
par mètre carré. Dans l'ensilage sur terre, les fourrages
peuvent être mis dans les mêmes conditions, on leur
donne la forme d'un toit et on les charge d'une épaisseur
de terre de 0 m. 35 à 0 m. 45. L'ensilage à l'air libre
n'est employé que depuis deux ou trois ans. MM. Cor-
mouls-Houlés et Rouvière se sont faits les propagateurs
de ce mode de conservation dont ils ont obtenu de très
bons résultats. Dans ce cas les fourrages doivent être
placés entiers. Ils sont mis sous la forme d'un parallélipi-
pède rectangle. Le tassage doit être régulier, afin que la
meule ne se coupe pas sous l'influence de la forte charge
qu'on lui applique, 800 à 1200 kilogrammes par mètre
carré. La couverture se fait avec des planches placées
perpendiculairement à la longueur du tas, et sur lesquelles on met de la terre ou des pierres.

Les dimensions usitées sont les suivantes, la longueur
étant toujours variable ; pour les fosses, la largeur doit
être de 3 m. 50 à 4 mètres, la hauteur ne doit pas être inférieure à 4 mètres ; sur terre 3 m. 50 sur 3 m. 50 sont généralement adoptés ; à l'air libre, 3 m. 50 constituent une

bonne largeur, comme hauteur on ne doit pas dépasser 4 mètres pour la solidité et aller au-dessous de 3 mètres pour la bonne conservation.

Plusieurs règles essentielles doivent être observées pour la bonne conservation du fourrage. — Le fourrage doit être coupé alors qu'il est en pleine fleur; — il doit être ni trop mûr ni pas assez mûr. — Il doit être mis en place immédiatement après avoir été coupé ; — il ne faut craindre ni la rosée ni la pluie, une trop grande siccité du fourrage est seule à redouter ; — le fourrage doit être étendu bien régulièrement, et la compression également répartie. Les fourrages peuvent se conserver ainsi d'une année à l'autre.

Si, au point de vue de l'alimentation, certains fourrages ensilés tels que les vesces, le trèfle, le trèfle incarnat, l'herbe, etc., peuvent être donnés seuls, et, si d'excellents effets ont pu être constatés, il vaut cependant mieux les faire entrer dans une ration mélangée; le maximum d'effet utile est ainsi obtenu. Ma pratique personnelle m'en a convaincu.

La pratique de l'ensilage a permis dans toutes les exploitations qui l'ont employée d'augmenter la quantité de poids vif animal entretenu. Elle a contribué pour beaucoup aux progrès faits par certaines fermes. Avec l'ensilage à l'air libre ou sur terre, il n'y a même pas besoin d'engager de capital; le cultivateur le moins avancé peut ainsi conserver certains fourrages.

Je ne citerai à ce sujet que la pratique d'une seule exploitation, parce qu'elle se rattache directement au pâturage. Un propriétaire-agriculteur de mes amis procède ainsi sur ses embauches. (La propriété a été entièrement convertie en prairies.) Les animaux sont *tous* vendus à la boucherie en juin et juillet, et les embauches non rechargées. Le regain est coupé en septembre et ensilé vert dans des fosses faites dans les anciennes granges. Au mois de janvier, les animaux qui devront être engraissés à l'herbe, pendant le printemps et le commencement de l'été, sont achetés et nourris pendant deux à trois mois à l'étable exclusivement avec de l'ensilage. Ils commencent à se mettre en viande, puis ils sont mis à l'herbe où ils prennent rapidement un état d'engraissement très satisfaisant, et peuvent être vendus en juin et juillet. Ce système très simple permettait d'acheter les animaux à un moment où ils sont, en général, bon marché, et la vente pouvait avoir lieu au moment où la viande *a* la valeur la plus élevée ; on devrait plutôt dire *avait*, car depuis deux ans, c'est au contraire le moment où elle baisse. Les résultats financiers ont, m'a-t-on dit, répondu à l'attente de l'exploitant qui avait ainsi supprimé presque toute la main-d'œuvre.

Cette pratique de l'ensilage mérite d'attirer l'attention des Sociétés agricoles. Des essais tentés par elles sous les yeux des cultivateurs de leur région amèneraient certainement la vulgarisation de ce mode de conservation des fourrages.

DE L'ÉLEVAGE DU CHEVAL

On ne trouve pas dans l'Avallonnais d'élevage exclusif du cheval. Il en existe, du reste, relativement peu en France. Cela tient aux déboires nombreux que donne cet élevage, lorsque les produits obtenus ne sont pas d'une grande valeur. En général 60 pour 100 seulement des juments saillies donnent des poulains ; et sur ces 60 produits, 40 seulement réussissent, soit 60 pour 100, ou 40 pour 100 des saillies. Cette disproportion considérable est une des raisons, la plus forte certainement, pour laquelle l'élevage exclusif du cheval ne se développe pas davantage. Il exige de forts capitaux qui, parfois, restent improductifs, c'est-à-dire ne donnant pas de bénéfices assurés. Aussi généralement l'élevage du cheval est-il fait conjointement avec l'élevage bovin.

Les différentes dispositions des propriétaires et les cultures diverses doivent faire varier la manière d'élever, comme dans certains cas elles doivent y faire renoncer complètement. Si on peut faire naître le cheval partout, le vendra-t-on une fois élevé assez cher pour couvrir les frais de son éducation ? L'existence d'une industrie n'est possible qu'à la condition de rencontrer des débouchés. Le cheval surtout devient une marchandise ruineuse, quand il reste entre les mains du vendeur ; car sa nourriture ajoute chaque jour une perte nouvelle à celle résultant du capital qu'il représente. Si ce but n'est pas atteint, la vente, l'élevage, l'éducation du cheval n'est pas possible.

L'élevage de toute espèce d'animaux a pour but de se vendre à soi-même aux plus hauts prix possibles les fourrages récoltés, aussi la théorie de l'élevage consiste en la transformation des fourrages en un produit d'un transport et d'un débit plus faciles. Or, de tous les animaux qu'un cultivateur peut produire et élever, le cheval est celui dont l'éducation offre le plus de chances fâcheuses. Outre qu'un tiers des produits ne réussit pas, c'est l'animal le plus difficile à nourrir, celui qui fait attendre le plus longtemps son produit, celui qui se déprécie le plus facilement, le seul qui n'offre aucune compensation en cas de perte. Plus l'espèce a de mérites, plus ces inconvénients s'aggravent. Le cheval fin exige de trois à quatre années de soins sans être d'aucun rapport, tandis qu'à dix-huit mois, le cheval de trait produit au lieu de coûter. Aussi n'est-il pas permis de se livrer indifféremment à l'élevage de l'un ou l'autre de ces animaux.

Dans les pays où les chevaux sont employés à la culture, et sont indispensables pour l'exploitation de la terre, on fera le cheval de trait, le cheval de trait léger ou cheval d'agriculture, et le carrossier. Dans les pays d'herbages plantureux on pourra faire le même produit. Dans les pays où le bœuf est l'animal de trait par excellence, et où le cheval n'est employé qu'à des travaux légers, le cheval d'agriculture ou de trait léger, le cheval de cabriolet ou de selle pourront seuls être utilement produits.

Aussi la catégorie chevaline qui doit être produite par une contrée est surtout déterminée par la nature du sol sur lequel on opère. Sur les terrains argileux et très fertiles, le cheval de gros trait, de camion, trouvera largement les éléments nécessaires pour fabriquer sa puissante charpente musculaire. Une partie de sa force provient de son poids, il lui faut des aliments qui augmentent sa masse; comme on n'exige de lui que du travail au pas, la vivacité, l'ardeur ne lui sont pas nécessaires. On doit lui demander seulement la résistance à la fatigue et la régularité des allures. Une certaine tendance à exagérer la masse et le poids s'est produite depuis quelques années, ces chevaux s'achètent au poids ; on a été amené à lymphatiser les animaux afin de pouvoir les engraisser plus facilement et leur faire acquérir un poids plus considérable. Une réaction heureuse se produit ; le vrai type du cheval de gros trait a cessé d'être le cheval flamand ou le clydesdale, pour être le boulonnais, chez lequel la masse est obtenue non par le développement du système adipeux, mais par celui du système musculaire. Sur les terrains calcaires argileux et argilo-siliceux, réussit très bien le cheval de trait léger, le cheval d'omnibus, ou le cheval d'agriculture comme le nomment les Anglais. Apte à tous les travaux de la culture, il peut encore mener au trot le fermier et sa famille au marché ; il exige pour son développement des fourrages substantiels et très sains ; son système musculaire doit être d'une nature telle qu'il se développe aux dépens de la graisse. Le type de ce cheval est le percheron. C'est le terrain du carrossier postier.

Sur les terrains calcaires, l'élevage du cheval donnerait, au point de vue de la force de résistance du produit, de très bons résultats, mais les fourrages n'y sont pas en général assez abondants ; leur utilisation par le mouton est plus profitable. Quant aux terrains siliceux, granitiques, ils sont suivant la constitution des propriétés, plus ou moins aptes à l'élevage de la race chevaline, mais en général ils le sont peu.

En principe, on pourrait dire que pour les races lourdes les terrains d'alluvion conviennent parce qu'elles sont riches en matières azotées, que pour les races légères il faut des terrains riches en chaux et en acide phosphorique avec une proportion suffisante d'azote. Le cheval est, après le mouton, l'animal qui élimine le plus de ces éléments. Les terrains ont aussi une grande influence sur la conformation des pieds des animaux. Ainsi sur les terrains argileux, le pied a tendance à être plat, sur les terrains pentueux a être resserré. Aussi doit-on apporter un grand soin au choix des poulinières et des étalons.

Dans la première partie de cette étude, j'ai examiné la question des prairies et cité la nomenclature des diverses plantes utiles qui s'y trouvent ; ces plantes étant les meilleures espèces de graminées et de légumineuses conviennent toutes pour l'élevage du cheval ; certaines ont plus que d'autres la propriété de s'assimiler l'acide phosphorique du sol, entre autres le fromental, les fétuques, le dactyle, les pâturins, les agrostis ; elles doivent être préférées et comme pâturage et comme foin. Les foins un peu durs sont, on le sait, plus sains pour les chevaux que les foins doux.

Dans quelle situation l'Avallonnais se trouve-t-il au point de vue de l'élevage du cheval ? La région où l'on élève le plus de chevaux s'étend surtout à l'est d'Avallon et gagne l'Auxois. A l'ouest, du côté de Vézelay, on rencontre encore quelques juments poulinières. La culture se fait là avec des juments. Au sud, dans le Morvand, la production chevaline est insignifiante, mais, d'années en années, elle augmente. Je suis convaincu que d'ici à vingt ans, l'élevage du cheval y aura pris une certaine place.

J'ai dit plus haut qu'il n'y avait point d'élevage exclusif du cheval dans l'Avallonnais. Il est fait simultanément avec l'élevage bovin, et c'est cette simultanéité qui permet de tirer quelques profits de la vente des poulains. Car l'éducation du cheval est souvent collective, c'est-à-dire qu'elle se partage entre l'éleveur qui produit et *le nourricier* qui élève.

Le cultivateur possède sur son exploitation un nombre

de juments suffisant pour faire sa culture ; il les livre à la reproduction.. Des produits, il garde les pouliches pour se remonter, et vend les mâles, s'il ne possède pas assez d'herbages pour les garder jusqu'à dix-huit mois, après le sevrage aux embaucheurs, qui leur font passer l'hiver sur leurs prés, où ils consomment les herbes sèches et les touffes d'herbe laissées par les bovins. Les herbagers les revendent à l'âge de dix-huit mois au commerce, qui les emmène et les revend à la culture du nord du département et des environs de Paris, où ils sont mis au travail. Parmi les mâles, quelques-uns sont choisis dans ces fermes pour faire des étalons et revendus à des prix très avantageux. Les poulains de gros trait et de trait léger un peu corsés sont les plus recherchés pour cette spéculation, et plus ils sont gros, plus ils sont chers. La conformation est souvent assez peu regardée, le poids fixe le prix. Les poulains de race plus légère sont peu estimés par le commerce, car leur écoulement n'est pas facile ; ils sont obligés de rester chez le producteur jusqu'à l'âge de trois ou quatre ans. La partie de l'industrie chevaline relative à l'exploitation des mères donne du profit ; il en est de même au sujet de l'élevage depuis le sevrage jusqu'à dix-huit mois. Mais où les profits deviennent plus chanceux, c'est à partir de cet âge jusqu'au moment où le cheval devient un élément industriel, car les risques sont plus considérables.

Nous allons essayer par quelques chiffres de mettre en lumière ces différents faits :

Ils s'appliquent à l'élevage simultané des chevaux et des bovins pour les poulains de trait :

Prix de revient d'un poulain issu d'une jument travaillant.

1° GROS TRAIT.

De la naissance au sevrage.

Intérêts à 10 pour 100 (1) du capital représenté
par la jument d'une valeur de 1200 francs....   120 »

Saillie et frais de saillie....................   20 »

Là nourriture de la jument pendant toute l'année est balancée par son travail et le fumier
qu'elle produit.

Herbe consommée par le poulain et soins au
sevrage....................................... 30 »

Au sevrage il aura coûté................... 170 »

Son prix de vente étant de 370 francs, reste
un bénéfice de 200 francs (2).

Du sevrage à dix-huit mois.

Valeur du poulain........................ 370 »

Intérêts à 10 pour 100..................... 37 »

Herbe consommée et nourriture........... 80 »

Frais divers............................. 30 »

517 »

Le prix de vente à cet âge étant de 700 francs, il reste
encore comme bénéfice, 183 francs.

(1) Dans ces 10 pour 100 sont compris les risques.
(2) Depuis deux ans, les prix de vente ont considérablement diminué, la baisse atteint jusqu'à 60 pour 100: aussi ces chiffres ne
peuvent plus s'appliquer à l'élevage actuel. Présentement, ce poulain estimé 370 francs se vend couramment entre 120 et 150 francs.
Cette partie de cette étude a donc maintenant un peu l'air d'une
ironie. Mais la comparaison a son utilité. Les éléments me manquent
pour pouvoir rectifier tous ces chiffres que j'ai établis il y a deux
ans, mais je crois qu'ils nous constitueraient en perte.

De dix-huit mois à deux ans et demi.

Le poulain commence à travailler.

Valeur..	700	»
Intérêts à 10 pour 100	70	»
Frais divers..	50	».
	820	»

Sa nourriture est payée par son travail ; sa valeur, à moins que ce ne soit un poulain mâle de tête, est de 875 francs, soit comme bénéfice 55 francs.

De deux ans et demi à trois ans et demi.

Valeur du cheval....................................	875	»
Intérêts à 10 pour 100........................	87	50
Nourriture 1 fr. 50 par jour.................	547	50
Frais divers	100	»
	1610	»

Dont il faut déduire :

Fumier à 0 fr. 10 par jour.......	36	50
Travail 200 journées à 4 fr.......	800	»
	836	50

Reste comme dépenses	773	50

Comme sa valeur est d'environ 1050 francs, son bénéfice est donc de 276 fr. 50.

A cet âge le cheval est en général vendu pour aller soit dans les villes, soit dans des entreprises de culture plus considérables, où on demande aux animaux le maximum de travail ; ils ne sont plus que des instruments de travail, qui ne portent pas leur profit en eux-mêmes, qui se détériorent et subissent chaque année une dépréciation qui doit être, y compris les risques de maladie, portée à 15 pour 100 à moins qu'on ne veuille les soigner encore, auquel cas leur valeur augmente pendant un an ou deux, mais dès qu'un travail sérieux vient à leur être demandé, la dépréciation commence.

Si le cheval est resté entre les mains du producteur jusqu'à cet âge, voici quel serait son bénéfice net :

Dépenses :

1re année jusqu'au sevrage...................	170 »
2e — jusqu'à 18 mois	110 »
3e — — 2 ans et demi.............	50 »
4e — — 4 ans.....................	647 50
	977 50

Intérêt à 10 pour 100 du prix de revient du poulain à quatre ans........................ 97 75

1075 25

Recettes : Travail et fumier de la 4e année.... 836 50

Reste en dépenses......................... 238 75

Nous avons estimé le cheval 1050 francs. Resterait donc pour le producteur éleveur un bénéfice net de 811 francs, soit 203 francs par an.

2° TRAIT LÉGER.

De la naissance au sevrage.

Intérêt à 10 pour 100 de la valeur de la jument (900 francs)........................ 90 »

Saillie............................... 20 »

La nourriture de la jument est balancée par son travail et son fumier.

Herbe consommée par le poulain et frais de sevrage............................... 30 »

Au sevrage il a coûté..................... 140 »

Son prix étant de 320 francs, il reste comme bénéfice 180 francs.

Du sevrage à dix-huit mois.

Valeur du poulain...................... 320 »
Intérêts à 10 pour 100.................. 32 »
Herbe consommée....................... 70 »
Frais divers........................... 30 »

Son prix de vente étant à cet âge de 575 francs, il reste un bénéfice de 123 francs.

De dix-huit mois à deux ans et demi.

Valeur du poulain...................... 575 »
Intérêts à 10 pour 100................. 57 50
Nourriture pendant six mois............ 60 »
A partir de deux ans, son travail et son fumier
balancent sa nourriture.................
Frais divers........................... 20 »

712 50

Son prix de vente étant de 700 fr., il y a une perte de 12 fr. 50, perte plus apparente que réelle.

De deux ans et demi à trois ans et demi.

Valeur du poulain.............. 700 »
Intérêts à 10 pour cent......... 70 »
Nourriture 1 fr. 30 par jour...... 474 50
Frais divers................... 70 »

1314 59

A déduire les recettes :
Fumier 365 jours à 0 fr. 10..... 36 50
Travail 200 journées à 3 fr. 50... 700 »

736 50

Reste comme dépense.................... 578 00

Comme la valeur du cheval est d'environ 900 fr., son bénéfice est donc de 322 fr.

Dans cette période, si c'est une pouliche, et qu'elle se trouve dans un pays d'élevage, on la fait saillir, elle fera donc un poulain à quatre ans. Si elle ne se trouve pas dans ces conditions ou que ce soit un mâle, la dépréciation ne vient pas aussi vite que pour le cheval de gros trait ; au contraire, pendant deux années encore, l'animal, s'il trotte tant soit peu et qu'il ne soit pas surmené, voit croître sa valeur jusqu'à 1100 fr. si ses performances le permettent.

Si la bête est restée entre les mains du producteur jusqu'à cette époque, son prix de revient est de :

1º Jusqu'au sevrage......................	140	»
2º Du sevrage à dix-huit mois..............	100	»
3º De dix-huit mois à 2 ans et demi........	80	»
4º De 2 ans et demi à 3 ans et demi........	544	50
	864	50
Intérêts à 10 pour 100 du prix de revient du poulain à quatre ans......................	86	45
	950	95
Dont il faut déduire les recettes de la quatrième année......................	736	50
Reste en dépense.......	214	45

Nous avons estimé sa valeur à 900 fr. Le producteur-éleveur a donc un bénéfice net de 685 fr., soit 170 fr. par an.

A la suite de ces prix de revient du cheval de gros trait et de trait léger, il y a quelque intérêt à rechercher celui d'un cheval de service, carrossier ou cheval de cabriolet, cheval de selle avec les deux systèmes d'élevage : exclusif ou combiné.

CHEVAL DE SERVICE OU DE LUXE

(Élevage exclusif)

1° *Jusqu'au sevrage.*

Intérêts et amortissement de la valeur de la mère (1200 fr.)	120	»
Saillie	20	»
Nourriture de la jument qui est exclusivement livrée à la reproduction 0 fr. 75 par jour.	273	»
Frais divers et herbe consommée par le poulain	25	»
	438	»

C'est à ce prix que devrait vendre le producteur pour rentrer dans ses frais. Dans notre région, ce poulain trouverait à peine amateur pour 300 fr. d'où une perte de 138 fr.

Dans les pays d'élevage, comme la Normandie et l'Ouest, il pourrait valoir, suivant mérite, de 400 à 1000 fr.

Ce poulain reste entre les mains du producteur qui l'élève.

Prix de revient du poulain	438	»

Du sevrage à dix-huit mois.

Nourriture 0 fr. 45 par jour	164	»
Frais divers	20	»
	184	»
A *reporter*	622	»

Report.............. 622 »

De dix-huit mois à deux ans et demi.

Nourriture 0 fr. 55 par jour..... 200 75
Frais divers.................. 25 »
                              ____
                              225 75

De deux ans et demi à trois ans et demi.

Nourriture à 0 fr. 75 par jour... 273 »
Frais divers.................. 35 »
                              ____
                              308 »

De trois ans et demi à quatre ans.

180 jours nourriture, à 1 fr...... 180 »
Ferrure et frais divers.......... 80 »
                              ____
                              260 »

Il faut ajouter les intérêts à 10 pour 100 du prix de revient au sevrage (438 fr.) pendant quatre ans........................... 173 »
                              ____
                              1588 75

Ainsi donc, à quatre ans, époque à laquelle le cheval devient vendable au commerce, son prix de revient est de près de 1600 fr. A ce prix, il est communément impossible de le produire.

Aussi le seul moyen pratique est-il de le faire passer au milieu de l'élevage bovin, de le mettre en supplément de charge sur les herbes dans la proportion d'un cheval pour dix bœufs. On pourra ainsi beaucoup réduire la dépense. L'hiver, ces chevaux consommeront les résidus de l'herbe avec le moins de nourriture additionnelle possible. On les amènera ainsi à l'âge de quatre ans, où ils seront à l'état brut. D'un autre côté, on pourra n'employer comme poulinières que des juments usées ou hors d'âge, ce qui n'est pas le plus souvent à l'avantage des produits. Voici quel serait en ce cas le prix de revient :

Intérêts et amortissement de la valeur de la
mère (800 francs)............................ 80 »
Saillie................................... 20 »
Nourriture de la mère 0 fr. 70 par jour...... 255 50
Frais divers et herbe consommée par le poulain. 15 »

Prix de revient du poulain au sevrage....... 370 50
Du sevrage à 18 mois, nourriture et frais.... 70 »
De 18 mois à 2 ans et demi, nourriture et frais. 80 »
De 2 ans et demi à 3 ans et demi, nourriture
et frais.................................... 90 »
De 3 ans ½ à 4 ans, nourriture, frais de pan-
sage, ferrure, etc.......................... 150 »

760 50

Intérêts à 10 pour 100 du prix de revient du
poulain au sevrage pendant quatre années..... 148 »

Soit un prix de revient de................. 908 50

Le prix d'un cheval de cette nature, à quatre ans, peut,
en nos contrées, varier de 850 à 1200 francs; on peut
espérer quelque bénéfice.

Si, maintenant, avec cet élevage combiné, nous sou-
mettons la mère à quelques petits travaux, si le poulain
est soumis lui-même à un travail léger à trois ans — tout
en restant dans les prés — nous trouvons :

Intérêts et amortissement................. 80 »
Saillie................................... 20 »
Nourriture................................. 255 »
Frais divers.............................. 15 »

370 »

A déduire : Travail de la mère............ 120 »

Prix de revient du poulain au sevrage....... 250 »

A reporter........... 250 »

Report	250	»
Du sevrage à 18 mois	70	»
De 18 mois à 2 ans et demi...............	80	»
De 2 ans et demi à 3 ans et demi, nourriture et frais................ 150 »		
A déduire : Travail du poulain..... 80 »		
	70	»
De 3 ans et demi à 4 ans, nourriture et soins................................ 200 »		
A déduire : Travail du poulain..... 70. »		
	130	»
Intérêts à 10 pour 100 pendant quatre ans de la valeur au sevrage.........................	100	»
Le prix de revient descend à..............	700	»

mais la valeur du cheval pourrait avoir diminué à cause des risques d'accidents ; d'un caractère plus ardent, plus vif, il aurait demandé plus de ménagements que le cheval de trait, et comme il ne les a souvent pas trouvés, il en résulte que sa valeur peut n'avoir pas augmenté par le fait du dressage. Il a néanmoins donné quelque bénéfice à son producteur.

Passons au cheval de selle ; nous ne nous occuperons que du cheval commun, c'est-à-dire du cheval de remonte. Le cheval de luxe est d'un prix de revient aussi élevé, et son élevage plus chanceux que celui du carrossier. On peut appliquer au cheval de selle les deux prix de revient de 908 francs et de 700 francs cités plus haut. Les risques d'éducation sont néanmoins plus considérables, et les prix de vente les mêmes, de 800 à 1200 francs. Le travail produit par le poulain peut être nul, le dernier prix de revient monterait alors à 850 francs. Si la mère refuse le collier, il remonte à 908 francs.

L'Administration de la Guerre a, depuis quelques années, inauguré un système qui peut être appelé à donner de

bons résultats. Elle envoie, à titre gratuit, chez les cultivateurs qui en font la demande, des pouliches de trois
ans et demi, qu'elle achète dans de bons centres de pro-
ductions comme la Normandie, à la condition de les
faire saillir par un étalon approuvé ou autorisé, et de ne
les astreindre qu'à un service léger, — labours, hersages,
roulages. De cette façon, il n'y a plus d'intérêts de la
valeur de la jument et le prix de revient à quatre ans se
trouve abaissé à :

796 francs sans travail ni de la mère, ni du produit ;
628 francs si la mère seule travaille ;
520 francs si on peut tirer parti du travail de la mère
et du produit.

Les poulains appartiennent au cultivateur, et leur
vente est libre.

Si cette mesure devenait plus générale on pourrait
encore produire avec bénéfice le cheval nécessaire aux
besoins de notre armée, et n'avoir pas besoin de compléter nos effectifs avec des achats à l'étranger (1).

Le Ministre de la Guerre a aussi prescrit quelques
achats de chevaux de trois ans ; c'est une bonne mesure
si elle se généralisait ; la difficulté est que l'État n'a
pas de domaines assez considérables pour y installer,
comme cela se pratique à l'étranger, des fermes cheva-
lines d'où les chevaux seraient livrés tout formés aux
régiments.

Je pense avoir prouvé à l'aide des chiffres cités
qu'il n'y a qu'un élevage possible, c'est l'élevage combiné avec celui des bovins et avec la culture. L'élevage exclusif est beaucoup plus chanceux.

_____

(1) Elle aurait pour effet plus immédiat et plus réel d'attirer un
certain nombre de fermiers à l'élevage du cheval fin, et alors le
commerce pourrait sûrement venir dans notre région acheter des
poulains. Le jour où les poulains se vendront comme les poulains
de trait, cet élevage sera lancé dans nos pays.

Mais là aussi naissent souvent des produits mâles et femelles — produits de tête — qui couvrent plus que largement les frais de production. Ces produits ne se présentent malheureusement pas régulièrement, aussi cet élevage exclusif demande-t-il une mise de fonds assez considérable qui en fait, si je puis m'exprimer ainsi, une pratique *aristocratique*.

De tous les chevaux, le cheval d'agriculture ou de trait léger, et le cheval de cabriolet ou, si on peut employer le mot, de demi-luxe sont ceux qui conviennent le mieux dans notre région. Leur qualité est assez bonne ; mais le type n'est pas toujours bien suivi ; cela provient du peu de facilité qu'a l'éleveur de suivre une ligne de conduite régulière ; il est à la merci des possesseurs d'étalons qu'ils soient simples particuliers ou Administration des Haras. Dans le public même, les opinions sont fort différentes sur les moyens à employer pour améliorer dans l'arrondissement la race chevaline — mélange de comtois, percheron, nivernais, boulonnais et normand.

Doit-on améliorer par sélection ou par infusion d'un sang nouveau ? Le premier moyen présentant des difficultés matérielles très grandes pour qu'il en résulte rapidement un bien public, reste l'introduction d'étalons étrangers. Prendra-t-on des pur-sang, des demi-sang normand, des norfolk, des percherons ? pour moi, je penche vers le norfolk-percheron, vers un cheval à la puissante musculature, à l'épaule plus longue que le cheval de trait, au garrot plus sorti, à l'encolure moins courte et au ventre moins gros. Ce cheval, capable de tirer au pas et de faire tout le service de culture, serait en même temps apte à tenir régulièrement une route au trot à une vitesse de 12 à 13 kilomètres à l'heure. Ce cheval, très recherché par beaucoup de consommateurs, fait un peu défaut sur les marchés. On dit, il est vrai,

4

que les essais tentés par l'Administration des Haras avec le norfolk n'ont point réussi.

Que dire de l'infusion du pur-sang? que dire des étalons demi-sang? Il faudrait entrer ici dans la théorie si délicate et si controversée du croisement des races. Le croisement améliore-t-il une race ou n'améliore-t-il que des individus? « Le croisement, dit Baudement, ne forme pas les races, il les détruit. » Peut-on arriver à confirmer le sang, en d'autres termes, si on a infusé une certaine dose de sang étranger, et qu'on recroise entr'eux les métis obtenus, ces métis formeront-ils une race nouvelle? Oui, à mon avis, mais il faut avoir la patience des Bakwell, des Colling, y consacrer toute sa vie, opérer une sélection rigoureuse, déployer des qualités de persévérance qui sont, hélas! peu dans le caractère français.

En somme, il n'y a que deux modes pratiques de croisement : l'un qui a pour objet la production de métis, non comme reproducteurs, mais comme produits commerciaux. Ces produits sont, on le sait, le plus souvent très bons; mais si on les livre à la reproduction, l'effet produit ne dure pas au delà de la troisième génération. Il faut à ce moment revenir à la souche améliorante. Ainsi à une jument de trait on donne un pur-sang; le produit est, supposons, une pouliche : on la fait saillir par un étalon de trait ; son produit, pouliche aussi, est lui-même livré à un étalon de même nature. Au produit qui résultera de ce dernier accouplement, il faudra donner le pur-sang, l'effet produit par le premier coup de sang étant passé.

L'autre mode de croisement, qu'on nomme *croisement continu*, consiste à toujours mettre sur les produits successifs le reproducteur chargé d'améliorer. Les effets, non-seulement se maintiennent, mais se perpétuent. Certains auteurs admettent qu'à la dixième génération, le produit peut être considéré comme de pur sang, car il n'aurait plus que moins d'un milliardième de sang commun. D'autres, avec M. Sanson, disent qu'à la quatrième génération le produit peut être considéré comme de pur sang. A l'appui de son opinion, M. Sanson cite la création du cheval de pur sang : « Quelle que fût la race des premières mères des chevaux de course anglais, il nous suffit de savoir que les filles de ces mères ont été accouplées avec des étalons arabes, jusqu'au delà d'une quatrième génération, et que les opérations de reproduction ont toujours été accompagnées d'une sélection attentive, pour être assuré que, bientôt après l'introduction de ces étalons, il n'y eût plus dans leur descendance que des animaux purs de leur race. Tel est infailliblement l'effet de la méthode de croisement continu, si elle a été exactement suivie. » Les rédacteurs du *Herd-Book* français pour le Durham n'ont point admis ces théories, témoin ce qu'on appelle l'*Addenda*. Maintenant, comment le cheval anglais n'est-il pas le cheval arabe comme type? Ici se montre l'influence du climat et de la gymnastique fonctionnelle. Ce sont les deux facteurs ajoutés au premier — l'étalon — qui ont créé et confirmé le type.

Quoi qu'il en soit, le produit d'un croisement sera d'autant meilleur, comme type, que les sujets des deux races croisées seront plus purs. D'un autre côté, le sujet le plus pur aura toujours plus d'influence qué celui qui aura moins de fixité de race. C'est l'hérédité de race ou l'atavisme. J'ai pu constater le fait par moi-même. J'ai livré une jument de pur sang, inscrite au *Stud-Book*, à un étalon anglo-normand de la station d'Avallon. Les produits obtenus rappellent tous la mère, avec un peu plus de gros cependant. Le dernier, pourtant, né cette année, a pris au père des balezanes aux membres postérieurs. Ce fait doit être attribué à la vieillesse de la mère qui a dix-sept ans. Car il y a lieu aussi de tenir compte, en tout accouplement, de l'hérédité individuelle, ou faculté de l'un des reproducteurs de donner des produits semblables à lui-même. Dans le cas cité plus haut, l'hérédité individuelle de la mère a faibli, celle du père a alors augmenté. Toutes ces considérations, sur lesquelles tous les zootechnistes ne sont pas toujours d'accord, démontrent qu'il n'est point facile de fixer les limites du croisement pour la race chevaline. Certains éleveurs tiennent pour le pur-sang, d'autres, et le nombre s'en accroît chaque jour, penchent vers le cheval arabe de grande taille.

Le plus grand obstacle pour l'amélioration raisonnée du cheval est la grande division de son élevage, qui est répandu entre un très grand nombre de mains ; il ne peut donc être fait de sélection suivie. Cette pratique est le propre d'un élevage exclusif et nombreux.

Je crois, pourtant, que l'introduction du sang peut rendre beaucoup de services, mais qu'il y a utilité et nécessité, au bout de quelque temps, à donner un coup à rebours. Ainsi, sur une pouliche demi-sang on remettra un étalon ayant du sang ; mais au produit on donnera un étalon de trait, puis on reviendra au sang. En l'absence d'une race ou d'une variété bien fixée, ce sera le moyen d'éviter *le décousu*. Ces croisements sont-ils nécessaires dans l'Avallonnais pour l'élevage qui consiste à produire des poulains et à les vendre *laitons ?* Non : au point de vue particulier plus les poulains sont gros, plus ils valent ; aussi donnera-t-on aux mères des étalons très forts et très lourds. Oui au point de vue général : il y a beaucoup à faire pour combattre le lymphatisme et l'excès de viande. Néanmoins ce défaut est bien moins sensible dans l'Avallonnais que dans la Puisaye. On trouve beaucoup de juments qui, avec leur poids, sont légères, grâce à une légère infusion de sang.

Pour le Morvand, il faut un cheval qui se meuve facilement sur les pentes ; il ne faut pas que sa masse soit un obstacle à sa marche ; son estomac ne devra pas demander une nourriture trop abondante, les pâturages donnant une herbe délicate mais en général courte et rare. Je ne dirai pourtant pas comme certains que l'herbe du Morvand vaut de l'avoine.

Mais le mobile principal qui dirige nos éleveurs, et de cela je ne saurais les blâmer, est le rendement financier ; ils fabriquent pour la consommation, et celle-ci veut le gros cheval. Jusqu'ici les ventes s'étaient bien opérées à des prix satisfaisants ; depuis deux ans, une baisse très grande, près de 40 pour 100, a eu lieu (1) ; je ne puis prévoir son influence sur l'élevage : il devrait diminuer Personnellement, j'ai restreint la saillie de mes juments de travail, considérant que le prix des poulains n'était plus suffisant pour compenser le chômage et les soins à donner à la mère.

Alimentation.

Il me reste quelques mots à dire au sujet de l'alimentation. Nous avons beaucoup à faire avant d'arriver à user des fourrages que nous récoltons et de ceux que nous pouvons nous procurer, avec toute l'économie possible, à appliquer enfin ce qu'on nomme l'alimentation rationnelle. Un exemple rendra plus claire, plus compréhensible cette idée : il est tiré de ma pratique personnelle.

Autrefois je donnais en hiver à mes chevaux de service :

5 kil. »	foin à 30 francs les 500 kilogr.	0 30
5 »	paille à 20 francs —	0 20
4 500	avoine à 18 francs les 100 kilogr.	0 81
14 kil. 500		1 31

(1) Aux foires de l'automne de cette année, elle s'est même accentuée davantage, et est même allée à 60 pour 100.

4.

Soit une masse alimentaire de 14 kilogr. 500 contenant 12 kilogr. 44 de matière sèche pour 1 fr. 31. Elle contenait :

Protéine brute.	Graisse brute.	Matières extractives non azotées.
1.011	0.465	5.927

La relation nutritive était de $\dfrac{1}{6.3}$.

M'appuyant sur quelques analyses de fourrages que j'avais fait faire et m'aidant des tables de Von Gohren telles qu'elles ont été publiées par M. Sanson, j'ai, depuis deux ans, transformé ainsi que suit ma ration :

2 kil. 500 foin à 30 francs les 500 kilogr.		0 15
5 » paille à 20 francs —		0 20
2 500 avoine à 18 francs les 100 kilog.		0 45
3 » carottes à 25 francs les 1000 kilogr....................		0 075
1 » tourteau de coco à 22 francs les 100 kilogr............		0 22
0 500 son à 15 francs les 100 kilogr.		0 075
14 kil. 500		1 17

Soit une même masse alimentaire de 14 kilogr. 500 contenant 10 kilogr. 23 de matières sèches pour 1 fr. 17. Elle contient :

Protéine.	Graisse.	Matières extractives non azotées.
1.021	0.441	4.952

La relation nutritive est $\dfrac{1}{5.3}$.

Comparons les deux rations :

Masse alimentaire.	Matière sèche.	Protéine.	Graisse	Mat. ext. non azotées.	Valeur nutritive.	Prix.

ANCIENNE RATION

| 14 k. 500 | 12.44 | 1.011 | 0.465 | 5.027 | $\frac{1}{6.3}$ | 1 31 |

NOUVELLE RATION

| 14 k. 500 | 10.23 | 1 021 | 0.441 | 4.952 | $\frac{1}{5.3}$ | 1 17 |

Ainsi ma ration actuelle présente à l'animal le même poids de matières alimentaires que l'ancienne sous un volume moindre ; la quantité de matière sèche est moindre, donc elle charge moins l'estomac ; elle a une valeur nutritive supérieure, l'animal répare mieux ses forces. En dernier lieu, elle revient à 1 fr. 17 par jour au lieu de 1 fr. 31, soit une économie de 1 fr. 31 moins 1 fr. 17 ou 0 fr. 14, ce qui donne pour l'année et par cheval 0 fr. 14 $\times$ 365 = 50 fr. 10, économie qui n'est pas à dédaigner. Les quantités de chaux et d'acide phosphorique qu'elles contiennent l'une et l'autre sont sensiblement égales.

Je citerai d'autres exemples :

En 1884, la ration moyenne donnée aux chevaux de la Compagnie des Omnibus était :

Avoine......	3 kil.	994
Foin........	3	826
Paille.......	4	485
Son.........	0	492
Orge et maïs.	3	787
Féveroles....	0	475

Soit........... 17 kil. 060 qui revenaient à 2 fr. 318.

Elle renfermait :

Protéine.	Graisse.	Matières extractives non azotées.
1.545	0.683	8.6523

La relation nutritive est $\frac{1}{6}$.

« Elle pourrait être composée comme il suit, en prenant le foin, la paille et l'avoine aux mêmes prix :

    Avoine...... 4 kilogr.
    Paille....... 5
    Foin........ 4

Soit une masse de 13 kilogr. coûtant 1 fr. 61 et renfermant :

Protéine.	Graisse.	Matières extractives non azotées.
0.919	0.492	6.231

Pour compléter la ration, ajoutons :

 0 kil. 700 tourteau d'arachides décortiquées
            à 19 francs les 100 kilogr....... 0 133
 0   700   tourteau de sésame noir à 13 francs   0 039
                                                 ____
                                                   0 224

La ration totale coûte 1 fr. 836. Elle renferme :

Protéine.	Graisse.	Matières extractives non azotées.
1.535	0.602	6.542

La relation nutritive est $\frac{1}{4}$.

Ainsi, d'un côté, nous avons une ration ayant une relation nutritive de $\frac{1}{6}$ et coûtant.............. 2 318

de l'autre une ration dont la relation nutritive est $\frac{1}{4}$ et coûtant...................... 1 836

                                                 ____

Donc, en faveur de la ration la plus riche, une différence de........................... 0 482

Soit une économie de 176 francs par cheval et par an ; et pour un effectif de 15,000 chevaux que possède la Compagnie, une économie de plus de 2,500,000 francs par an.

Les chevaux d'artillerie reçoivent une ration de :

```
Foin.....  4 kil.  »
Paille....  4        »
Avoine...  5     500
          ─────────
```

13 kil.500 coûtant à Marseille 1 fr. 502.

La relation nutritive est $\dfrac{1}{5.6}$; sa richesse :

Protéine.	Graisse.	Matières extractives non azotées.
1.160	0.478	6.043

Une entreprise de camionnage de Marseille a nourri des chevaux du même modèle avec :

```
Foin.............  3 kil.  »
Paille...........  4        »
Avoine...........  4        »
Tourteau de sésame 0     800
                  ─────────
```

11 kil. 800 coûtant 1 fr. 284

La relation nutritive est $\dfrac{1}{4.7}$; la richesse :

Protéine.	Graisse.	Matières extractives non azotées.
1.160	0.459	4.954

Ainsi la seconde ration est plus riche et néanmoins procure une économie de 0 fr. 218 par jour, soit de 81 fr. 57 par cheval et par an.

Ces chiffres sont tirés du *Bulletin agricole*. Je les cite simplement comme exemples. Ils montrent de quelle façon on peut se servir des résidus industriels. Des essais ont été tentés dans l'armée et dans certaines administrations, ils ont réussi, mais la certitude de changer les cours en les relevant, et de perdre ainsi le bénéfice du changement de régime, empêche d'introduire les tourteaux dans l'alimentation.

Un grand nombre de tourteaux oléagineux alimentaires peuvent entrer avantageusement dans l'alimentation du cheval. Les chevaux les acceptent bien, mais parfois il arrive qu'ils s'en fatiguent. Il suffit alors de changer le tourteau ou d'élargir la relation nutritive. Cette alimentation donne des animaux toujours en état et avec un poil superbe.

Dans certains pays pauvres en acide phosphorique, il peut y avoir intérêt à faire un apport étranger de phosphate de chaux sous un petit volume. On peut le donner soit par la poudre d'os au naturel ou préalablement traitée par l'acide chlorhydrique, soit par le sang desséché. Ces deux produits sont extrêmement riches en acide phosphorique ; les essais que j'ai faits m'ont donné des résultats satisfaisants. Il a été établi par les physiologistes : 1° que les tissus animaux et particulièrement les muscles sont très riches en phosphate de chaux, 2° que ce sel est nécessaire pour amener la solidification de la matière albuminoïde par laquelle les tissus, les muscles prennent leur forme. Le besoin de phosphate de chaux se fait donc sentir non-seulement pour la formation de la charpente osseuse, mais aussi pour celle de la charpente musculaire de l'animal. Or c'est pendant la période de croissance que ce besoin est le plus impérieux, et aussi lorsque le système musculaire fournit une grande somme de travail. L'animal en doit trouver dans son alimentation une quantité suffisante pour la confection et la réfection des tissus nouveaux et anciens. S'il y a un excédent, il se retrouve dans les fumiers sous une forme facilement utilisée par les plantes. Il n'y a donc pas perte.

Dans nos pays pauvres en phosphate de chaux, cet apport s'impose, c'est du reste avec lui qu'on guérit l'os-téomalacie assez commune dans le Gâtinais. On prône différents modes d'emploi du phosphate, soit à l'état de poudred'os, soit à l'état gélatineux, soit à l'état de phosphate précipité. Je préfère ce dernier mode dans lequel le phosphate de chaux des os traité par l'acide chlorhydrique est sous une forme plus assimilable par les animaux. La quantité à donner par jour est de 5 grammes par 100 kilogrammes de poids vif. Son prix est de 0 fr. 35 le kilogramme.

Le sang desséché est le résidu du sang frais desséché à l'étuve. Il faut 5 à 6 litres de sang frais pour faire 1 kilogramme de sang desséché. Il renferme tous les principes fixes du sang sans en excepter la fibrine ; il content environ 30 pour 100 d'albumine et de fibrine, par conséquent de matières azotées. La première est très riche en phosphates 'alcalins, la seconde en phosphate de chaux d'où la nécessité de ne pas séparer la fibrine qui, à l'analyse, donne 7.25 pour 100 de phosphate de chaux. Cet aliment a donc une valeur nutritive très considérable ; il faut en user avec ménagement surtout avec les jeunes veaux auxquels, s'il n'a pas été préalablement bouilli, il peut donner de fortes diarrhées. On fera donc bien de ne l'employer qu'avec des animaux ayant au moins six mois. La dose peut être de 30 à 40 grammes par 100 kilogrammes de poids vif et par jour. Si on ne le fabrique pas soi-même, on peut se le procurer à des prix variant entre 0 fr. 85 et 2 fr. 25 le kilogramme. S'il est bien sec, il se conserve dans de bonnes conditions. Une bonne manière de le conserver consiste à faire absorber le sang frais par de la farine ; le produit se conserve ainsi plus longtemps que chacune des deux matières séparées.

Je fais usage, dans l'élevage de mes poulains et de mes veaux, et du phosphate de chaux et du sang desséché. Je me suis aperçu d'un bon résultat pour mes poulains principalement. Sous leur influence, la taille s'est accrue et les jarrets se sont normalement développés. Les juments poulinières ont pu aussi, en en consommant, mieux former le squelette de leurs produits, sans que leurs propres tissus en souffrent. J'ai l'intention de continuer ces essais qui commencent à entrer dans la pratique agricole. Les résultats obtenus ne sont pas encore suffisamment affirmés, mais toutes ces questions d'alimentation ont un tel intérêt qu'on ne saurait trop multiplier les expériences et les constater par des méthodes scientifiques. Elles sont appelées à opérer un grand changement dans l'agriculture moderne en nous permettant peut-être, ce qui constituerait notre meilleure *protection* car elle viendrait de nous-mêmes, d'abaisser nos prix de revient.

3479. — ABBEVILLE, TYP. ET STÉR. A. RETAUX. — 1886.